# 鱼骨状分支水平井油藏工程设计与优化

张世明 著

石油工业出版社

## 内 容 提 要

本书基于油藏—井筒耦合渗流模型,在鱼骨状分支水平井渗流特征与水驱规律深化研究基础上,阐述了鱼骨状分支水平井增产机理及扩大波及机理,建立了鱼骨状分支水平井单井井形设计和整体开发注采井网合理配置优化方法。

本书可作为从事油田开发的油藏工程研究人员、技术人员及石油院校相关专业师生的参考用书。

### 图书在版编目(CIP)数据

鱼骨状分支水平井油藏工程设计与优化/张世明著.
北京:石油工业出版社,2016.1
ISBN 978-7-5183-1048-7

Ⅰ.鱼…
Ⅱ.张…
Ⅲ.水平井-油藏工程-设计
Ⅳ.TE243

中国版本图书馆 CIP 数据核字(2015)第 311827 号

出版发行:石油工业出版社
(北京安定门外安华里2区1号　100011)
网　　址:www.petropub.com
编辑部:(010)64523541　图书营销中心:(010)64523633
经　　销:全国新华书店
印　　刷:北京晨旭印刷厂

2016年1月第1版　2016年1月第1次印刷
787×1092 毫米　开本:1/16　印张:9.5
字数:230 千字

定价:68.00 元
(如出现印装质量问题,我社图书营销中心负责调换)
版权所有,翻印必究

# 前　言

与常规直井和水平井相比，分支水平井具有进一步增大泄油面积、增加油井产量、提高储量控制程度、增加可采储量、提高采收率及节约钻井成本等优势，成为21世纪国内外石油开发技术发展与研究的热点。实践表明，鱼骨状分支水平井作为分支水平井的一种类型，随着其钻采技术的不断进步，已在不同类型油藏实施钻探和开发，取得较高的初期产能和良好的经济效益，而与之相适应的油藏工程研究尚不成熟。关于鱼骨状分支水平井开发的渗流特征、产能预测与增产机理分析、井形设计与优化以及鱼骨状分支水平井整体开发的水驱规律、注采井网配置与优化和扩大水驱波及对策等油藏工程设计与应用方法的系统研究，目前国内外尚十分欠缺。

本书应用物理模拟、数学理论和油藏数值模拟相结合的方法，对以上问题进行了研究。主要包括三个方面：一是物理实验研究，主要开展了鱼骨状分支水平井井筒与近井流场渗流特征、产能影响因素和水驱特征等方面的物理实验研究，并建立了相应的实验技术方法；二是产能预测方法和井形优化设计研究，包括非均质油藏复杂结构井分段耦合产能计算解析模型的建立、多段井多相流耦合数值模拟模型开发以及鱼骨状分支水平井井形参数优化设计与应用；三是鱼骨状分支水平井整体开发油藏工程设计方法研究，开展了鱼骨状分支水平井增产机理和扩大波及规律、整体开发注采配置和开发技术政策研究，指导了胜海201区块整体开发方案设计。

通过进行系统的技术攻关，明确了鱼骨状分支水平井井筒变质量流动特征及近井流场渗流特征，揭示了影响鱼骨状分支水平井产能变化的原因；建立了非均质油藏复杂结构井油藏—井筒耦合渗流模型，完善了鱼骨状分支水平井产能预测和渗流规律研究方法；建立了鱼骨状分支水平井产能评价体系和井形参数优化理论模型，确定了鱼骨状分支水平井的油藏适应性，形成了鱼骨状分支水平井设计应用技术和优化设计方法；探索了鱼骨状分支水平井增产机理，明确了鱼骨状分支水平井水驱规律及水线推进机理，确定了鱼骨状分支水平井优势注采关系和适宜的基础井网形式，提出了鱼骨状分支水平井整体开发井网设计原则和优化方向，初步建立了鱼骨状分支水平井整体开发不规则面积井网模式。利用研究成果，指导了胜利油区埕岛油田胜海201区块鱼骨状分支水平井整体开发方案的设计，确定了整体开发的技术政策界限，实现了对海上边际油田的有效开发。

本书研究内容深化了鱼骨状分支水平井渗流规律认识，完善了渗流理论和油藏工程理论，形成了渗流规律研究技术方法和油藏工程应用技术方法，科学指导了鱼骨状分支水平井实际整体开发方案的设计与编制。本书所建立的研究思路和方法，对于其他类型的分支水平井设计也具有重要的参考价值。因此本书的研究具有重大的理论和现实意义。

本书在编写过程中得到了周英杰、安永生及课题组成员的大力支持，董亚娟、宋勇、孙红霞等参与了部分基础资料的整理工作，在此表示衷心感谢。

由于笔者水平有限，书中疏漏和不妥之处在所难免，恳请读者斧正。

# 目 录
## CONTENTS

绪论 ·········································································································· (1)

**第一章　鱼骨状分支水平井油藏—井筒耦合渗流模型** ·········································· (8)
 第一节　非均质油藏复杂结构井分段耦合模型 ······················································ (8)
 第二节　复杂结构井离散井筒耦合数值模拟模型 ·················································· (25)

**第二章　鱼骨状分支水平井渗流机理** ······································································ (34)
 第一节　研究手段与方法 ·················································································· (34)
 第二节　水平井渗流特征 ·················································································· (38)
 第三节　鱼骨状分支水平井渗流特征 ·································································· (47)

**第三章　鱼骨状分支水平井产能评价** ······································································ (61)
 第一节　产能预测方法评价 ··············································································· (61)
 第二节　鱼骨状分支水平井产能影响因素分析 ···················································· (62)
 第三节　鱼骨状分支水平井油藏适应性研究 ························································ (63)
 第四节　鱼骨状分支水平井井形参数优化 ··························································· (71)
 第五节　鱼骨状分支水平井应用设计 ·································································· (79)

**第四章　鱼骨状分支水平井增产机理** ······································································ (90)
 第一节　鱼骨状分支水平井井形参数优化理论分析 ·············································· (90)
 第二节　鱼骨状分支水平井不同分支参数对增产因素的影响 ································ (92)

**第五章　鱼骨状分支水平井水驱规律** ···································································· (103)
 第一节　水驱油藏水线推进机理 ······································································· (103)
 第二节　鱼骨状分支水平井扩大波及机理 ··························································· (111)
 第三节　鱼骨状分支水平井扩大波及对策 ··························································· (117)

**第六章　鱼骨状分支水平井整体开发技术** ···························································· (125)
 第一节　鱼骨状分支水平井注采特征 ································································· (125)
 第二节　鱼骨状分支水平井注采关系 ································································· (126)
 第三节　鱼骨状分支水平井注采井网 ································································· (130)

第七章　鱼骨状分支水平井整体开发技术应用 …………………………………（132）
　　第一节　油藏基本情况 ………………………………………………………（132）
　　第二节　三维模型建立 ………………………………………………………（133）
　　第三节　开发技术政策 ………………………………………………………（134）
　　第四节　开发方案预测 ………………………………………………………（137）
参考文献 …………………………………………………………………………（143）

# 绪 论

## 一、鱼骨状分支水平井技术发展概况

分支井是21世纪钻井领域的新兴技术,它是由一个主井眼(直井、定向井、水平井)侧钻出两个或更多进入储层的分支井眼,实现多个储层泄油。自20世纪50年代初,苏联就开始致力于该项技术的研究与应用。90年代中后期,随着水平井完井技术的发展和三维地震技术的普及,分支井技术得到了迅速地发展,已在北美、中东、东南亚等地区广泛应用,据不完全统计,Baker Oil Tools、Halliburton、Sperry‐Sun 等公司已成功研制了近20套分支井系统。近年来,分支井系统的更新速度很快,大多数井都实现了四级以上完井,实现了工程为地质、油藏服务的目标,获得了较大的经济效益。与常规水平井相比,分支井具有进一步增大泄油面积、增加油井产量、提高储量控制程度、增加可采储量、提高采收率及节约钻井成本等优势,在国外得到了广泛的应用,并取得了较好的效果。根据《世界石油》杂志统计,全世界约有10%的油井适合于打分支井,至今共完钻分支井约6000余口,这标志着分支井技术拥有着巨大的潜力。

国内分支井技术的发展起步较晚,20世纪60年代,玉门油田、四川油田分别开展了分支井钻井技术的钻探试验,探索积累了分支井钻完井技术经验。90年代初,随着定向井、水平井技术的迅速发展和成功应用,分支井技术在胜利油田、辽河油田、地质矿产部第六普查勘探大队和中国海洋石油总公司渤海石油公司等得以重新开展。胜利油田自"九五"计划末开始分支井技术攻关。鱼骨状分支水平井作为分支井型的一种,是将分支水平井的水平井段左右再开两个以上的分支,其形状像是鸟的羽翼,也叫做羽毛状水平分支井,可进一步增大单油层油藏动用储量,充分挖掘油层的增产潜力。2008年9月,胜利油田针对海上边际油田的特点,在埕岛油田设计投产了中国石化第一口具有自主知识产权的鱼骨状分支水平井 CB26‐ZP1,其初期日产油89t,是周围定向井产量的3~4倍。自此,拉开了胜利油田鱼骨状分支水平井应用的序幕,应用范围和领域由边际油田、新区、油藏向主力油藏、老区、气藏拓展。截至2012年,胜利油田相继完钻并投产6口鱼骨状分支水平井,其中浅海油田4口,分别是埕北26B‐支平1井、垦东34C‐支平1井、垦东34C‐支平2井、埕北11K‐支平1井;断块油藏1口,是营451‐支平1井;稠油油藏1口,是沾18‐支平1井。平均单井增加可采储量为普通水平井的2~5倍,鱼骨状分支水平井的优势日益突出。实践证明,利用鱼骨状分支水平井开发油田能够改善其开发效果,提高经济效益,实现有效甚至高效开发。

然而,与钻采技术相比,与鱼骨状分支水平井相适应的油藏工程研究尚未成熟。一是由于其具有比较特殊、复杂的流动动态,对其渗流机理的认识尚不明确,具体体现在4个方面:(1)沿水平井筒趾端到跟端,流体质量流量逐渐增加(变质量流),油藏内渗流与水平井筒内管流相互耦合;(2)由于井筒内变质量流的存在使得沿程流速不断增加,必然会产生一个附加的加速度压降;(3)水平井筒内沿井筒方向平行流动的流体受到井筒周围油藏径向流体的干扰,发生流体转向,从而引起主流剖面变形;(4)分支井的存在,在分、主支交汇处,两种不同流向的流体汇合会发生相互的干扰。因此,揭示鱼骨状分支水平井井筒及近井流动动态特征,对于完善鱼骨状分支水平井渗流理论具有十分重要的意义。二是缺乏适用、可靠的鱼骨状分支水平井产能预测分析方法。关于分支水平井井形优化的产能预测模型研究,国内外学者普遍关注,分别通过不同的方法建立了相应的解析模型。但早期的预测模型主要针对的是辐射状的多底分支水平井,不适合鱼骨状分支水平井的计算。具有代表性的适合于鱼骨状分支水平井产能预测的(半)解析模型在描述分支水平井形态及流动特征方面存在以下缺点:(1)模型只适合于单相;(2)多数模型未综合考虑井筒压降的影响;(3)模型大都只适合无限大地层稳定渗流条件;(4)多数模型无法考虑非均质储层的影响;(5)方法简化,计算精度低。因此,建立能够精确描述其复杂的井身结构,能够合理反映其复杂的井筒流动特征,满足矿场应用研究精度和要求且适应性强的产能计算方法,对于鱼骨状分支水平井产能预测、井形优化设计和增产机理研究具有十分重要的理论价值。三是从目前复杂结构井应用趋势来看,正向三大方向转移:即从结构简单的单支水平井开发向鱼骨状分支水平井转移,从追求钻遇多层向单层精细开发转移,从单井开发向大规模整体井组开发转移。为有效开发动用海上边际油田,胜利油田海洋采油厂以埕北26B井组为先导试验平台,以埕北26B-支平1井为试验井,以胜海201区块为示范区,尝试利用鱼骨状分支水平井整体开发馆陶组油藏,以期探索出一条进一步提高浅海油区油气藏综合开发效益的全新技术路线,形成成熟配套的鱼骨状分支水平井开发技术。但利用水平井、分支水平井进行油田整体开发的研究尚属空白。因此,从油藏工程角度出发,结合油田的地质特征,开展鱼骨状分支水平井整体开发技术界限研究,增强鱼骨状分支水平井对油藏的适应性,对于完善分支水平井开发配套技术系列,提高该技术的推广应用成功率,夯实分支水平井普及应用理论具有十分重要的意义。

## 二、国内外鱼骨状分支水平井技术研究现状

油藏中流体的流动速度受压力梯度的控制。对于常规直井,由于原油向井中心的聚集作用,使得大部分压力都消耗在井筒周围,为获得更高的采油速度,必须降低流动阻力,尤其是近井地带的流动阻力。改善油井近井流动状况的有效方法:一是通过对油井实施诸如酸化、压裂等增产措施;二是增加油井生产井筒与油藏的接触。人们对此早有认识并曾付诸实践,但由于受钻井技术及成本的限制,直到1928年才提出水平井技术,于20世纪40年代付诸实施,并成为一项非常有前途的提高采收率的重要技术。分支井技术于70年代末期产生,它是水平井技术的集成和发展,其主要优点是能够进一步扩大井筒与油气层的接触面积、减小各向异性的影响、降低水锥水窜、降低钻井成本;而且可以进行一井多层水平井开采,实现多个储层泄油,是提高油田综合开发效益的重要技术手段。分支井分为多底分支井和分支水平井两类,分支水平井是近几年来在国内外油田得到了较大范围应用的井型,可以细分为反向双分支水平井、叠加双分支井、同层多分支井、多侧向分支井、叉状双分支井、鱼骨状分支水平井等多种类型。鱼骨状分支水平井实际上包含了定向井系列的水平井、分支井、侧钻水平井等多种钻井技术,工艺技术包括了目前世界上大部分钻井工艺,是多种钻井技术与特殊完井技术的一种结合。由于分支井结构的复杂性,在其开发应用过程中,如何进行合理的油藏地质设计,充分发挥其技术优势,是油藏工程研究需要解决的关键问题,主要内容包括产能预测方法、井形优化设计方法和注采井网优化配置方法等,其中渗流规律是油藏工程技术研究的关键和基础。

## 绪 论

1. 产能预测方法研究现状

近年来,随着分支水平井钻井和完井技术水平的提高,大大降低了分支水平井的生产成本,因而分支水平井采油技术发展很快。分支水平井完钻井技术的突破和应用引领并促进了分支水平井渗流理论的发展,但有关分支水平井的理论研究明显落后于生产实际。由于分支水平井的钻完井技术比常规直井、定向井及水平井要复杂得多,使用其开发油田的技术风险和经济风险也大得多,要求在钻分支水平井之前必须进行技术和经济可行性评价研究,而这些又是以分支水平井的油藏工程和采油工程研究为基础的,故研究分支水平井油藏工程和采油工程中的重要内容——向井流动态关系显得越来越迫切和重要。刘想平等针对鱼骨状分支水平井,研究了其向井流动态关系即日产油量与井底流压之间的关系,在考虑油藏内三维稳定渗流及分支井井筒内流动特点的基础上,建立了向井流动态关系模型,用本模型计算并绘制了该井的向井流动态关系曲线,其特征为当井底流压大于泡点压力,而且井筒内的压降较小时,鱼骨状分支水平井的向井流动态关系曲线基本上为一条直线。该成果为分支井油藏工程和采油工程研究等提供了理论方法。由于分支水平井的增产降本优势,其产能预测成为人们普遍关注的研究课题。最早研究分支水平井产能计算问题的是苏联的Табаков(在20世纪60年代初就已提出),其关于分支水平井的研究结果曾被Борисов采用,后来又被美国的Joshi所采用,并得到广泛的认可。然而,Табаков的公式推导中存在明显的假设上的矛盾。我国王卫红等给出了Borisov所推导出的有公共点的分支水平井的产能公式,对比研究了井筒中均匀流量与无限导流对其产能的影响。陈军斌等将分支水平井视为垂直裂缝,在均匀流量假设下,利用复变函数理论推导出了当分支数分别为1和2时的分支水平井产能公式。计算结果表明,在均匀流量假设下,与垂直裂缝相当的分支水平井的折算半径与导流能力为无限大时的分支水平井的折算半径相比减少12%。王晓冬等用积分变换的方法首先求解封闭地层水平井的三维不定常渗流问题,通过渐近分析得到水平井的均匀流量拟稳态当量井径模型,再利用压降叠加原理建立了复杂分支水平井的产能计算方法。程林松、李璗、蒋廷学等应用拟三维的设计思想,将$x—y—z$坐标系里的三维渗流问题转变为两个二维问题求解:$x—y$平面的平面渗流问题(分支水平井近似看作缝高等于油层厚度的裂缝井);$y—z$平面的局部渗流问题(可看作求解由裂缝向井底流动时的裂缝内阻力问题),应用保角变换原理,将分支水平井的渗流问题,转变为平面单向渗流问题,并根据局部渗流阻力的概念,推导出了分支水平井的稳态产能公式。由于上述分支水平井产能公式均把分支井认为是在等几何参数及油藏参数,且分别在同一平面情况下的多口井,而实际上分支水平井既不是采用相同的几何参数,也不是在同一油藏的相同平面上开采,并且公式也没有考虑井筒压降对产能的影响。因此,窦宏恩考虑油藏工程的实际情况,提出了分支水平井的产能表达式。熊友明等以Joshi天然产能模型为基础,引入完井总表皮系数来表征钻井和完井的伤害,同时还考虑了储层各向异性和井眼偏心距对产能的影响。刘健等人从表皮系数的内涵分析出发,指出不同水平井完井方式、完井总表皮系数由不同的分量组成,分量中代表钻井伤害部分的表皮系数叫真表皮系数,代表由完井方式引入伤害部分的表皮系数叫视表皮系数。笔者推导几种常见的水平井完井总表皮系数计算公式,并进行了相应的计算。于东等针对分支水平井常用的完井方法,运用等值渗流阻力原理并结合分支水平井在地层中的势分布,将分支水平井在理想井生产时产生的压降与实际非射孔完井方式下的附加压力损失结合在一起,推导出辐射状分支水平井在实际裸眼完井、割缝衬管完井(包括带 ECP 的割缝衬管完井)、裸眼预充填砾石筛管完井和其他一些防砂筛管完井方式下的产能公式。

由于分支井井型的多样性,目前提出的各种分支水平井预测公式主要针对水平井和一些简单井型的分支井(多底分支井)。而对于鱼骨状分支水平井这一特殊的分支水平井来说,由于其特殊的井身结构,上述的分支水平井产能计算公式并不适合。调研发现,针对鱼骨状分支水平井,目前国内的研究成果不是很多,仅有李春兰、何海峰和吴晓东等学者进行了相关的研究。李春兰采用等值渗流阻力方法,借助于水平井渗流理论,推导了鱼骨状分支水平井产能计算公式,并在实际油田中进行了应用。从公式的推导过程可以看出该公式的局限性在于:(1)由于井筒周围的渗流比较复杂,推导过程中进行了适当简化。使计算精度产生一定误差。分支越多,由此引起的误差越小。(2)各分支长度相等,分支与主干水平井筒夹角相等。(3)分支越长,误差越大。何海峰提出了按井段划分流动段,用节点法计算鱼骨状分支水平井产能的方法,但该方法计算精度依赖于常规解析水平井产能计算模型。吴晓东、范玉平等提出了半解析产能预测模型,即将鱼骨状分支水平井的分支和主井筒分成若干小段,对每一段以解析的形式给出油藏渗流和井筒流动的表达式,然后进行油藏渗流和井筒流动的耦合,经过迭代求得这一段油井的压力分布和流入量分布,从而可以得到鱼骨状分支水平井的产能半解析模型。该模型能用于预测任意分支井的流入剖面和井筒内及井筒周围的压力分布。现场与电模拟实验结果表明,该模型具有较高的预测精度。综合分析表明,目前众多学者根据数学方法提出的数学模型大都未考虑或未综合考虑分支井中井筒压降的影响,而且模型大都是针对无限大地层稳定渗流的假设提出的,对分支井非稳态渗流的研究较少。另外,以上的解析方法由于推导过程中进行了适当简化,在非均质各向异性油藏的矿场应用中存在较大的局限性;半解析方法可用于预测任意分支井的流入剖面和井筒内及井筒周围的压力分布,方法接近于数值方法,但其只能应用于单相流,且该方法对于非均质油藏需要求取等效渗透率值。在国外,鱼骨状分支水平井产能预测的数值模拟方面的研究日臻完善,主要体现在多种成熟数值模拟软件的广泛推广与应用上。商业化的 Eclipse 数值模拟软件中多段井模型可以描述分支井的井身结构、井轨迹及完井状况以及稳态、非稳态产能,准确描述井筒流体流动,也能够描述井筒压降(摩阻压降、加速度压降、水静力学压降)和滑脱模型(准确反映各相流体流动特征),在鱼骨状分支水平井多相渗流机理研究及非稳态产能预测方面具有明显的优势。

2. 井形优化设计研究现状

分支井形态设计方法是在水平井设计的基础上发展起来的,目前对于水平井设计的研究比较广泛深入。由于水平井水平段内摩擦损失的缘故,原油沿水平井井筒流动产生一个压降,如果水平段内压降和油藏内压降相当,导致水平段末端压降很小或者为零,那么水平段末段出现不产油的井段,因而水平段内摩擦损失减少了油井产能,从经济上浪费了这一部分不产油水平段的钻井和完井费用。如果油藏压降较大,在水平段始端(水平井造斜段和水平段的交点)这个压力梯度最大处形成水脊或气脊,会造成底水或气顶锥进。在高渗透层的低压降生产油藏和生产压差受到限制的气顶油藏、底水油藏、气顶底水油藏,常常出现部分水平段不产油的现象。对于水平段长度较长和井筒半径较小的水平井,在水平段末端也常常出现不产油的井段。范子菲等通过建立井筒内流动模型、油(气)藏内流动模型和水平段长度优化设计模型,模型中考虑了水平段内流动状态(层流、紊流)和管壁相对粗糙度对摩擦损失和水平井产能的影响,对油藏和气藏水平井水平段最优长度设计方法进行了定量的研究。研究表明:(1)在层流状态下,水平段内摩擦压降损失可以忽略,雷诺数和水平井产油量与水平段长度呈线性关系。(2)没有考虑摩擦阻力情况下,水平井产能与水平段长度呈线性关系;考虑摩擦阻力时,对于一特定的油藏,随着管壁相对粗糙度的增加,水平井水平段最优长度逐渐减小,增加水平段内径,水平段最优长度也相应增加。随着水平段的延伸,产量增加幅度越来越小;而且随着水平段的延伸,钻井成本及风险将大幅度增加,因此对于水平段长度的优化,必须考虑经济因素。程林松等基于经济评价模型的定量研究,根据资金平衡原理,运用最优化方法,综合考虑水驱油藏水平井开发的技术指标因素和经济指标因素,建立了确定水驱油藏水平井开发中合理水平段长度的优化模型,提出了一种确定水平井合理水平段长度的工程计算方法,即通过计算水平井开发中各项费用及收入,引入"合理经济开发时间"的概念(指油田从投入开发开始到油田总净利润达到最大时的开发时间),根据资金平衡原理,求得水平井长度为 $L$ 时的最大净利润 $E_{max}(L)$,通过给出不同的水平井长度 $L$ 值就可求出不同 $L$ 值下的最大 $E_{max}(L)$,则水平井的最优水平段长度为 $L_{opt}=L\{E_{max}(L)\}_{max}$。

分支水平井形态设计方法主要是根据油藏、地质条件,以分支水平井产量为参考,研究不同形态参数对其产量的影响,从而最终确定分支井的形态参数。分支井的形态参数主要包括分支段数目、分支段长度、分支段在油藏中位置、分支夹角、分支间距等。电模拟以其方法简单、操作方便,常被用来模拟油藏中的渗流问题。程林松、李春兰、吴晓东等采用电解模拟实验方法,针对不同类型的鱼骨刺井进行了近井地带流动机理的实验研究,描述了鱼骨刺井近井地带势的分布,并分析了分支数、分支角度以及分支距主井筒跟端相对距离等井眼结构参数对产能的影响,对于分支水平井的井型优化具有指导意义,但其实验结论较为简单。王金波、孙宝江等人对边际油田分支井的形态设计及优化从分支段的长度、数目、夹角等方面做了研究。研究结果是分支水平井的分支长度越长对产量提高的贡献越大,但随着井筒长度的增加,摩阻随之增加,井筒水动力学的损失也逐渐增加,从而使分支水平井产量的增幅减小。另一方面,钻井的成本会随着井身长度的增加而增加,钻井风险随之提高,因此如何确定一个合理的分支井筒长度应结合技术经济指标综合确定;随着分支和主井筒间夹角的逐渐增大,分支井的总产量也在逐渐增加,但是增加的幅度却不尽相同。当夹角比较小时,即分支夹角在 $0\sim45°$ 时,随着分支夹角的增大,产量增加较快;而当夹角比较大时,即分支夹角大于 $45°$ 时,随着夹角的增大,产量增加的幅度越来越小。所以,分支与井筒间夹角大于一定角度后,也就是分支趋向于与水平主井筒垂直时,井的总产量变化不是很大。另外,当分支间距较小时,分支间的干扰较大,分支井产量较低;当分支间距较大时,分支井筒间的相互干扰作用有所减弱,分支井产量增大,所以增大分支井筒的间距可以有效提高分支井的总产量。增加分支井井筒的数目可以提高产量,但是在总钻井长度相同的条件下,分支数越多,对主井筒的影响越大,分支间相互干扰影响越大,产量增加趋势变缓,平均单分支井的产量下降。而且在总钻井进尺相同的条件下,增加分支数目意味着增加钻井费用和加大钻井风险,因此分支水平井的具体分支数目还要综合考虑实际油藏地质条件等多方面因素。J. C. Moreno 报道了国外鱼骨状分支水平井井型优化的研究流程和方法,对本书的研究有一定的辅助作用。综上所述,有关鱼骨状分支水平井的井形优化目前已经取得了较多的认识和成果,但大都局限于敏感性分析和定性研究,缺乏系统的理论性研究成果,无法直接、有效地指导现场鱼骨状分支水平井的设计和应用,不符合国内分支水平井(鱼骨状)整体开发的思路,本书仅将其作为对比性研究。

**3. 联合注采关系研究现状**

采用水平井和分支水平井开发油藏,可大幅度提高勘探开发的综合经济效益。随着水平井钻井技术的发展及钻井成本的大幅度降低,水平井与直井联合布井方式越来越受到人们的重视,并已应用到油田的实际生产过程中。但在设计油田开发方案和油藏工程计算时,常常会遇到井网的选择与优化问题,而目前这一领域的理论研究还很少。国内学者主要从不同井型组合配置对产能的影响方面进行了一定的研究。1993年朗兆新教授利用保角变换方法给出了五点法井网的产量公式;1995年中国石油大学(北京)的程林松等人推出了分支水平井五点法井网条件下的产量公式;1998年李春兰等人对九点法井网做了进一步的深入研究,但均局限在规则的正方形井网的基础上。最新的研究是赵春森等人利用等值渗流阻力法原理,采用电路分析方法,对水平井及分支水平井与直井混合井网条件下的产能公式进行了理论研究。推导出了稳定渗流条件下,水平井与直井混合布井时常用井网——五点法井网、七点法井网和九点法井网的产能计算公式。该方法与前人采用的保角变换、势叠加原理相比,具有原理简单、精度较高的特点,能够满足现场开发指标的计算。

在井网优化方面利用保角变换、汇源反映和势叠加原理等理论,对水平井与直井联合布井的五点法矩形井网的产能公式进行了理论研究。推导出矩形井网条件下水平井的产量公式,并给出了水平井无因次长度与最优井网形状的无因次关系曲线。其结果可用于现场开发方案的设计及产能预测。综上所述,目前鱼骨状分支水平井产能预测方面有了一定的研究,但尚缺乏以下几个方面的研究:(1)鱼骨状分支水平井注采关系研究方法;(2)注采配置;(3)水线推进规律和机理研究;(4)扩大波及机理和对策。本书将在这几个方面进行深入研究,以便丰富鱼骨状分支水平井注采关系理论方面的相关研究。

**4. 工程应用技术发展现状**

鱼骨状分支水平井钻完井技术的快速发展对新井型的相关理论研究提出了更高的要求。在国外,鱼骨状分支水平井产能预测及数值模拟方面的研究日臻完善,主要体现在多种成熟数值模拟软件的广泛推广与应用上,相比之下,鱼骨状分支水平井渗流机理研究及油藏工程分析方法等研究仍发展缓慢,相关成果报道很少。随着鱼骨状分支水平井技术的不断应用和发展,如何深入地了解鱼骨状分支水平井的增产机理、扩大波及机理方面的研究成为目前亟待解决的问题,另外,在分支水平井整体开发研究方面,目前还没有见到相关的研究报道。而水平井、分支井整体开发已经成为国内外利用复杂结构井提高水驱油藏采收率的必然趋势。作为国内第二大油田的胜利油田,早在"八五"期间就开始了水平井的应用。"十一五"期间,中国石化胜利油田分公司地质科学研究院开展了低渗透油藏水平井开发技术研究、胜利油区水平井挖潜效果评价及改善开发效果研究、水平井开发关键技术及应用研究等多项研究课题,建立了水平井开发效果评价体系,形成了不同类型油藏水平井技术经济政策界限,为进一步开展鱼骨状分支水平井渗流规律研究奠定了坚实的基础。到2008年12月,胜利油田共投产水平井1225口,累计产油$1197 \times 10^4$t,年产油量突破$220 \times 10^4$t,水平井的应用范围已从开始的地层不整合油藏、稠油油藏拓展到断块油藏、裂缝性油藏、薄层油藏、厚层正韵律油藏、低渗透油藏、海上油藏、薄层—底水—特超稠油油藏以及特低渗透油藏等多种类型的油气藏。在分支井应用方面,胜利油田鱼骨状分支水平井的应用领域实现了油气并举,由海上扩展到陆上,由新区扩大到老区,由稀油拓展到稠油,已完钻6口,单井增加可采储量为普通水平井的2~5倍。胜利油田鱼骨状分支水平井工程应用研究迫在眉睫,迫切需要鱼骨状分支水平井整体开发相关理论和配套技术的研究。近年来理论研究方面,电模拟实验是研究鱼骨状分支水平井的主要实验手段,但目前国内大部分电模拟实验研究仅局限于对井型参数进行敏感性分析的层次上,尚缺乏系统的规律性研究,鱼骨状分支水平井的增产机理和扩大波及机理等关键方面仍没有相关报道。综上所述,通过物理实验方法、渗流力学方法、数值模拟方法对鱼骨状分支水平井工程应用技术进行深入研究将填补国内在复杂井型应用配套技术方面的空白。以此为基础,建立鱼骨状分支水平井渗流机理研究及油藏工程分析方法,并结合实际研究区块,开展鱼骨状分支水平井合理井型及注采关系研究,形成整体开发井网模式,建立整体开发联合井网配置及开发技术政策界限,对鱼骨状分支水平井的推广应用将起到积极的促进作用。

### 三、鱼骨状分支水平井研究方法存在的问题

(1)对于鱼骨状分支水平井,国内外学者提出了多种产能预测解析方法,但主要存在以下不足:

① 对鱼骨状分支水平井的井形要求较为苛刻,且大都未考虑或未综合考虑分支井中井筒压降的影响及分支井非稳态渗流的特点;

② 均是针对均质油藏,对于非均质油藏和各向异性油藏的适应性较差。

(2)在目前的鱼骨状分支水平井井形优化研究中,仅从井的稳态产能大小来进行鱼骨状分支水平井的井形优化设计,该研究方法缺乏对鱼骨状分支水平井的增产机理及扩大波及效率的研究,这种设计原则不适合实际矿场应用。

(3)水平井、分支井整体开发已经成为国内外利用复杂结构井提高水驱油藏采收率的必然趋势。胜利油田鱼骨状分支水平井的应用正朝着由边际油田向主力油田、由单井调整向整体开发的方向快速拓展,在鱼骨状分支水平井的整体开发研究方面,目前还没有见到相关的研究报道。

为此,本书提出建立合理的鱼骨状分支水平井产能预测模型以及开展鱼骨状分支水平井整体开发技术政策研究等,旨在完善鱼骨状分支水平井渗流理论和油藏工程理论,形成渗流规律研究技术方法和油藏工程应用技术方法,科学指导鱼骨状分支水平井实际开发方案的设计与编制。

# 第一章 鱼骨状分支水平井油藏—井筒耦合渗流模型

鱼骨状分支水平井渗流理论是鱼骨状分支水平井油藏工程、产能分析、试井分析、油藏数值模拟以及采油工程研究的基础。与直井及水平井相比,鱼骨状分支水平井并没有改变油气渗流的机理,油气藏渗流遵循着与直井、水平井同样的渗流方程。但是,鱼骨状分支水平井增加了与油藏的接触面积,导致储层流体的流入条件发生了变化,并改变了渗流场(近井),其渗流理论与直井、垂直裂缝井、水平井要复杂得多。按照欧拉观点,根据油藏中压力与时间的变化关系,鱼骨状分支水平井渗流理论可分为(拟)稳定渗流和不稳定渗流。鱼骨状分支水平井(拟)稳定渗流理论是鱼骨状分支水平井产能分析理论的基础,而鱼骨状分支水平井不稳定渗流理论是鱼骨状分支水平井压力动态特征研究、鱼骨状分支水平井试井分析及鱼骨状分支水平井产量递减分析的基础。研究与应用表明,由于鱼骨状分支水平井在储层中的生产段长度比直井、水平井长得多,因此井筒内部的流动状况对鱼骨状分支水平井的生产动态会产生一定的影响。鱼骨状分支水平井在生产时,流体在油藏中呈三维流动流向鱼骨状分支水平井主、分支井筒,然后流体又沿着分支井筒向主支井筒汇合,最后沿主支水平井筒流向井的跟端。因此,鱼骨状分支水平井的渗流除了流体在地层中的渗流以外,还有在井筒内的流动,这两个流动过程既相互联系又相互影响。为了正确反映鱼骨状分支水平井的生产动态,需要将描述这两个流动过程的模型耦合起来,作为一个整体进行研究。

## 第一节 非均质油藏复杂结构井分段耦合模型

综合研究分支水平井产能预测的解析方法,利用其基本研究思想,针对其适应性差的问题,将油藏非均质、井筒综合压降、井筒变质量流、油藏储层各向异性等综合因素进行考虑,建立了非均质油藏鱼骨状分支水平井分段耦合模型。

### 一、基础渗流方程

对于均质、各向同性的油藏,分支井的流动服从单相不可压缩液体的达西定律,即符合 Laplace 方程:

$$\frac{\partial^2 \phi}{\partial x^2} + \frac{\partial^2 \phi}{\partial y^2} + \frac{\partial^2 \phi}{\partial z^2} = 0 \qquad (1-1)$$

其中:

$$\phi = \frac{K}{\mu} p$$

式中 $\phi$——势函数;

$p$——压力,$10^{-1}$MPa;

$K$——油藏渗透率,mD;

$\mu$——流体黏度,mPa·s。

另外,定解条件分为外边界条件和内边界条件两大类。

(1)外边界条件。

根据油藏类型不同,外边界可分为封闭边界或恒势边界。对于顶、底层均为封闭边界(即无边水、底水)的油藏,外边界条件为:

$$\frac{\partial \phi}{\partial z} = 0 \quad z = 0 \tag{1-2}$$

$$\frac{\partial \phi}{\partial z} = 0 \quad z = h \tag{1-3}$$

对于底水驱动油藏,油藏顶部为封闭边界,底部油水界面处于恒势边界,即:

$$\phi = \phi_e \quad z = 0 \tag{1-4}$$

$$\frac{\partial \phi}{\partial z} = 0 \quad z = h \tag{1-5}$$

式中 $\phi_e$——油水界面(恒压边界)处的势。

(2)内边界条件。

由于复杂结构井具有复杂的井身轨迹,因此在产能预测时,各生产井段上的流量分布或势分布未知,无法事先给出,只知道油井跟端流压,因此无法直接求解上述问题,而需要多组方程和相应数量的未知数才能进行求解。

## 二、油藏内复杂结构井三维稳态势分布

### 1. 小井段在空间任意点产生的势

为了符合复杂结构井的结构特点,正确反映复杂结构井生产时油藏内三维流动的特点,采用分割法对复杂结构井进行分段处理。所谓分割法就是将生产井段按照一定的方式分成若干小段,由于分割后的井段长度较短,可假定流体从油藏流入每一小段的流量是沿该井段长度方向均匀分布的,但流入每一小段的流量并不相同。

根据该分段方法,首先求出生产井段上某一小段在油藏中任意一点产生的势,然后根据镜像反映和势叠加原理推导出该井段在油藏边界产生的势和井筒内边界产生的势,最后进行联立求解。

对于长度为 $L$,直径为 $D$,一端位于 $(x_w, y_w, z_w)$ 的空间小井段,由于 $D$ 远小于 $L$,因此可以将这一小井段看成一空间的线汇(图1-1)。

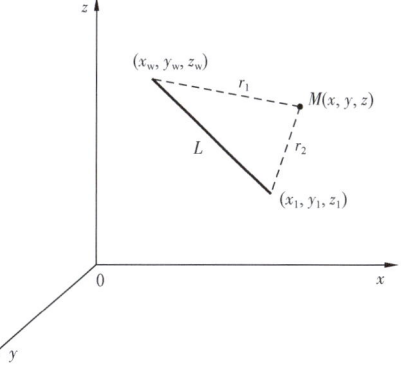

图1-1 空间小井段位置示意图

描述该线汇的方程为：

$$x_1 = x_w + Lt\cos\varphi\cos\theta \tag{1-6}$$

$$y_1 = y_w + Lt\cos\varphi\sin\theta \tag{1-7}$$

$$z_1 = z_w + Lt\sin\varphi \tag{1-8}$$

式中　$\varphi$——井段倾角，(°)；

　　　$\theta$——井段在水平面的投影与 $x$ 轴的夹角，(°)；

　　　$t$——线汇中任一点所在的位置比例，$0 < t < 1$。

假设小井段的长度为 $\mathrm{d}s$，小井段的流量为 $\mathrm{d}q$，全井的流量为 $q$。
则 $\mathrm{d}s$ 段的流量为：

$$\mathrm{d}q = q\mathrm{d}s/L \tag{1-9}$$

根据势的定义，小井段在空间任一点 $M(x,y,z)$ 产生的势为：

$$\mathrm{d}\phi = \frac{-\mathrm{d}q}{4\pi r} + C \tag{1-10}$$

即

$$\mathrm{d}\phi = \frac{-\mathrm{d}q}{4\pi r} + C = \frac{-q}{L}\frac{\mathrm{d}s}{4\pi r} + C = \frac{-q}{4\pi L}\frac{\mathrm{d}s}{r} + C \tag{1-11}$$

假设此线汇为均匀流量线汇，则其在无界空间任意点 $M(x,y,z)$ 产生的势为：

$$\phi(M) = -\frac{q/L}{4\pi}\int_0^L \frac{\mathrm{d}s}{\sqrt{(x_0-x)^2 + (y_0-y)^2 + (z_0-z)^2}} \tag{1-12}$$

其中：

$$\mathrm{d}s = \sqrt{x_1^2 + y_1^2 + z_1^2}\,\mathrm{d}t$$

式中　$q$——该线汇的流量，$\mathrm{m}^3/\mathrm{d}$；

　　　$x_0, y_0, z_0$——线汇上任意一点的坐标，m。

由式(1-1)得：

$$x_1 = \frac{\mathrm{d}x_1(t)}{\mathrm{d}t} = L\cos\varphi\cos\theta \tag{1-13}$$

$$y_1 = \frac{\mathrm{d}y_1(t)}{\mathrm{d}t} = L\cos\varphi\cos\theta \tag{1-14}$$

$$z_1 = \frac{\mathrm{d}z_1(t)}{\mathrm{d}t} = L\sin\varphi \tag{1-15}$$

由此可知：$\mathrm{d}s = L\mathrm{d}t$

又由于 $(x_0, y_0, z_0)$ 为线汇上任意一点，因此：

$$\phi(M) = -\frac{q}{4\pi L}$$

$$\times \int_0^L \frac{L dt}{\sqrt{[(x_w + Lt\cos\varphi\cos\theta) - x]^2 + [(y_w + Lt\cos\varphi\sin\theta) - y]^2 + [(z_w + Lt\sin\varphi) - z]^2}}$$

(1-16)

因为:

$$r = \sqrt{(x_0 - x)^2 + (y_0 - y)^2 + (z_0 - z)^2}$$

$$= \sqrt{[(x_w + s\cos\varphi\cos\theta) - x]^2 + [(y_w + s\cos\varphi\sin\theta) - y]^2 + [(z_w + s\sin\varphi) - z]^2}$$

$$= \sqrt{s^2 + 2Es + F}$$

(1-17)

所以:

$$\phi(M) = -\frac{q}{4\pi L}\int_0^L \frac{ds}{\sqrt{s^2 + 2Es + F}} + C \tag{1-18}$$

积分,并整理得:

$$\phi(M) = -\frac{q}{4\pi L}\ln\frac{L + E + \sqrt{L^2 + 2EL + F}}{E + \sqrt{F}} + C \tag{1-19}$$

其中:

$$E = \sin\varphi\cos\theta(x_w - x) + \sin\varphi\sin\theta(y_w - y) - \cos\varphi(z_w - z)$$

$$F = (x_w - x)^2 + (y_w - y)^2 + (z_w - z)^2$$

当 $\varphi = 90°$ 及 $\theta = 0°$ 时:

$$E = \sin\varphi\cos\theta(x_w - x) + \sin\varphi\sin\theta(y_w - y) - \cos\varphi(z_w - z) = x_w - x$$

$$F = (x_w - x)^2 + (y_w - y)^2 + (z_w - z)^2$$

则:

$$\phi(M) = -\frac{q}{4\pi L}\ln\frac{x_1 - x + r_2}{x_w - x + r_1} + C \tag{1-20}$$

式(1-20)为水平井筒在无界空间中的势分布公式。

当 $\varphi = 0°$ 时:

$$E = \sin\varphi\cos\theta(x_w - x) + \sin\varphi\sin\theta(y_w - y) - \cos\varphi(z_w - z) = z - z_w$$

$$F = (x_w - x)^2 + (y_w - y)^2 + (z_w - z)^2$$

则垂直井眼在空间中的势分布公式为:

$$\phi(M) = -\frac{q}{4\pi L}\ln\frac{z-z_1+r_2}{z-z_w+r_1} + C \qquad (1-21)$$

因为：

$$\frac{r_2+(z_1-z)}{r_1+(z_w-z)} = \frac{r_1-(z_w-z)}{r_2-(z_1-z)}$$

所以：

$$\phi(M) = -\frac{q}{4\pi L}\ln\frac{r_1+(z_w-z)}{r_2+(z_1-z)} + C \qquad (1-22)$$

即：

$$\exp\left\{-4\pi L\frac{[\phi(M)-C]}{q}\right\} = \frac{r_1+(z_w-z)}{r_2+(z_1-z)} \qquad (1-23)$$

同理：

$$\exp\left\{-4\pi L\frac{[\phi(M)-C]}{q}\right\} = \frac{z-z_1+r_2}{z-z_w+r_1} \qquad (1-24)$$

联立式(1-23)和式(1-24)，并整理可得：

$$\phi(M) = -\frac{q}{4\pi L}\ln\frac{r+L}{r-L} + C \qquad (1-25)$$

式中 $C$——常数。

$$r = \sqrt{(x_w-x)^2+(y_w-y)^2+(z_w-z)^2}$$
$$+ \sqrt{(x_w+L\cos\varphi\cos\theta-x)^2+(y_w+L\cos\varphi\sin\theta-y)^2+(z_w+L\sin\varphi-z)^2}$$
$$(1-26)$$

从式(1-26)可看出：$r$ 就是井段两端点到 $M(x,y,z)$ 点的距离之和。

**2. 不同油藏中复杂结构井的势分布**

(1)底水驱油藏。

假设长为 $L$ 的井段位于如图1-2所示的底水驱油藏中，两端点坐标分别为 $(x_{w1}, y_{w1}, z_{w1})$ 和 $(x_{w2}, y_{w2}, z_{w2})$，则根据镜像反映原理，图1-2所示的两边界之间的有限区域和其中的井段反映成无界空间中两根生产井段和两根注水井段交替出现的平行于水平面的无限多个井段。

可以确定反映后的每根井段在无界空间产生的势，然后根据势叠加原理即可得到底水驱油藏中任意点 $M(x,y,z)$ 的势：

$$\phi_i(M) = -\frac{q}{4\pi L}\sum_{n=-\infty}^{\infty}[\xi(4nh+z_{w1},M) + \xi(4nh+2h-z_{w1},M)$$
$$- \xi(4nh-z_{w1},M) - \xi(4nh-2h-z_{w1},M)] + C \qquad (1-27)$$

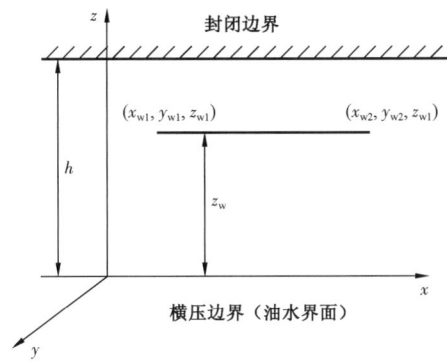

图 1-2 底水驱油藏中小井段位置示意图

式中 $\phi_i(M)$——小井段 $i$ 在油藏中任意点产生的势；
$h$——油藏含油厚度，m。

其中，$\xi(\zeta,M)$ 定义为如下函数：

$$\xi(\zeta,M) = \ln\frac{r_n + L}{r_n - L} \tag{1-28}$$

$$r_n = \sqrt{(x_{w1}-x)^2 + (y_{w1}-y)^2 + (\zeta-z)^2} + \sqrt{(x_{w2}-x)^2 + (y_{w2}-y)^2 + (\zeta-z)^2}$$

式中 $\zeta$——映射后井段 $z$ 方向的坐标位置。

若记

$$\phi_i(M) = \frac{1}{L}\sum_{n=-\infty}^{\infty}\left[\xi(4nh+z_{w1},M) + \xi(4nh+2h-z_{w1},M) - \xi(4nh-z_{w1},M) - \xi(4nh-2h-z_{w1},M)\right] \tag{1-29}$$

则变为：

$$\phi_i(M) = C - \frac{q}{4\pi}\varphi_i \tag{1-30}$$

（2）顶底封闭油藏。

对于长为 $L$，位于如图 1-3 所示的普通油藏中的井段，根据上述思路，可推导出其在普通油藏中产生的势：

$$\phi_i(M) = C - \frac{q}{4\pi}\varphi_i \tag{1-31}$$

$$\phi_i(M) = \frac{1}{L}\left\{\xi(z_{w1},M) + \xi(-z_{w1},M) + \sum_{n=1}^{\infty}\left[\xi(2nh+z_{w1},M) + \xi(-2nh+z_{w1},M) + \xi(2nh-z_{w1},M) + \xi(-2nh-z_{w1},M) - 2L/(nh)\right]\right\} \tag{1-32}$$

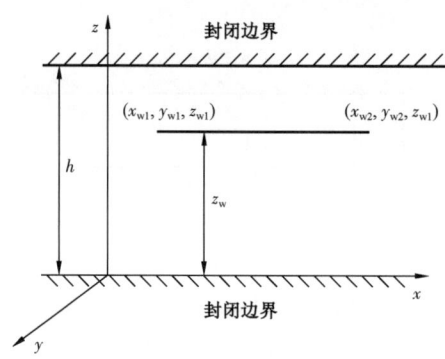

图 1-3　普通油藏中小井段位置示意图

(3)气顶驱油藏。

对于长为 $L$,位于如图 1-4 所示的气顶驱油藏中的井段,根据上述思路,可推导出其在气顶驱油藏中产生的势:

$$\phi_i(M) = C - \frac{q}{4\pi}\varphi_i \qquad (1-33)$$

$$\phi_i(M) = \frac{1}{L}\sum_{n=-\infty}^{\infty}\left[\xi(4nh+z_{w1},4nh+z_{w2},M) - \xi(4nh+2h-z_{w1},4nh+2h-z_{w2},M)\right.$$
$$\left. + \xi(4nh-z_{w1},4nh-z_{w2},M) - \xi(4nh-2h+z_{w1},4nh-2h+z_{w2},M)\right] \qquad (1-34)$$

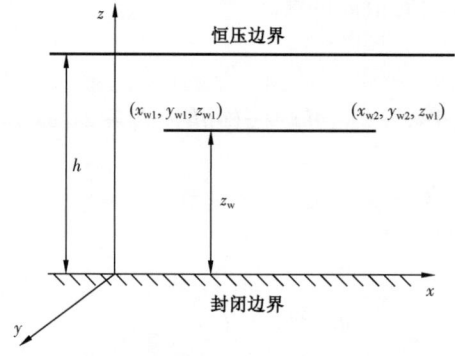

图 1-4　气顶驱油藏中小井段位置示意图

(4)气顶底水驱油藏。

对于长为 $L$,位于如图 1-5 所示的气顶底水驱油藏中的井段,根据上述思路,可推导出其在气顶底水驱油藏中产生的势:

$$\phi_i(M) = C - \frac{q}{4\pi}\varphi_i \qquad (1-35)$$

$$\phi_i(M) = \frac{1}{L}\sum_{n=-\infty}^{\infty}\left[\xi(2nh+z_{w1},2nh+z_{w2},M) - \xi(2nh-z_{w1},2nh-z_{w2},M)\right]$$
$$(1-36)$$

# 第一章 鱼骨状分支水平井油藏—井筒耦合渗流模型

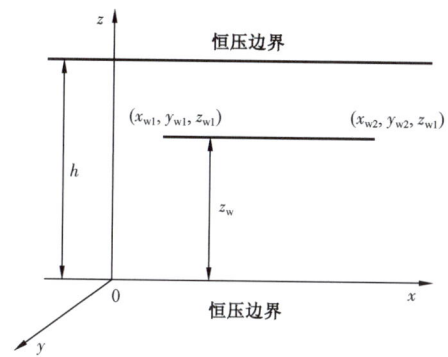

图 1-5 气顶底水驱油藏中小井段位置示意图

**3. 复杂结构井在油藏内的流动方程**

由势的定义可知,各类油藏中每一微段的势的表达式是相同的,只是外边界和内边界条件不同。

根据势的迭加原理,复杂结构井在油层中的势分布为:

$$\phi(M) = C - \frac{q}{4\pi}\varphi \qquad (1-37)$$

根据不同的油藏类型选取不同的值,以底水油藏为例,在恒压边界处,有:

$$\phi(M) = \phi_e - \frac{q}{4\pi}[\varphi - \varphi_e] \qquad (1-38)$$

复杂结构井生产时,流体从油藏流向各支井,假设全井有 $N_b$ 支,根据分割法,各支可分成若干小段,设第 $i$ 支被分成 $N_{pi}$ 段,则根据推导得到的某一小段在油层中产生的势以及势叠加原理可得到全井在油层中任意一点产生的势:

$$\phi(M) = \phi_e - \sum_{i=1}^{N_b}\sum_{j=1}^{N_{pi}}\frac{q_{ij}}{4\pi}[\varphi_{ij}(M) - \varphi_{ij,e}] \qquad (1-39)$$

式中 $q_{ij}$——流体从油藏流入第 $i$ 支井第 $j$ 段的流量,m³/d。

对于底水驱油藏,$\phi_e$ 为油水界面恒势边界处的势,$\varphi_{ij}$ 按式(1-29)计算:

$$\varphi_{ij,e} = 0$$

对于顶底封闭油藏,$\phi_e$ 为供给边界处的势,$\varphi_{ij}$ 按式(1-32)计算,$\varphi_{ij,e}$ 为在泄油边界处的 $\varphi_{ij}$ 值。

对于气顶驱油藏,$\phi_e$ 为油气界面恒势边界处的势,$\varphi_{ij}$ 按式(1-34)计算:

$$\varphi_{ij,e} = 0$$

对于气顶底水驱油藏,$\phi_e$ 为油水界面恒势边界处的势,$\varphi_{ij}$ 按式(1-36)计算:

$$\varphi_{ij,e} = 0$$

$$p(M) = p_e - \sum_{i=1}^{N_b} \sum_{j=1}^{N_{pi}} \frac{\mu_0 q_{ij}}{4\pi K} [\varphi_{ij}(M) - \varphi_{ij,e}] \qquad (1-40)$$

式中　$p(M)$——油藏中 $M$ 点的压力，MPa；

　　　$p_e$——泄油边界或油水界面处的压力，MPa。

式（1-40）描述了油藏内压力分布，可计算第 $k$ 支井第 1 段中点位置处的压力 $p_{k1}$：

$$p_{kl} = p_e - \sum_{i=1}^{N_b} \sum_{j=1}^{N_{pi}} \frac{\mu_0 q_{ij}}{4\pi K} [\varphi_{ij}(k,l) - \varphi_{ij,e}] \qquad (1-41)$$

其中：

$$k = 1, 2, \cdots, N_b$$

$$l = 1, 2, \cdots, N_{pk}$$

### 三、井筒内压降模型

流体从油藏流入生产段井筒后，再从流入点处流向各支跟端。要使生产段井筒内的流体保持流动，井筒内必然有一定压力降。以前有关产能计算的大多数研究都假定生产段井筒具有无限导流能力即忽略不计井筒内的压力降。对于油藏渗透率较低，井段较短，井段内压降比从油藏至井筒的压降小得多时，这种假定是合理的。但当渗透率较高，生产井段较长时，井筒内流动压降较大，能与油藏至井筒的压力损失相比拟，此时就不能忽略井筒内的压力降，因此在产能预测时应考虑井筒内压降影响。自从 Dikken 开始研究水平井筒内压降对生产动态的影响后，一些学者在有关计算中已开始考虑井筒内的压降影响。但关于井筒内压降计算，大多沿用普通水平管中的压降计算公式，只考虑了摩擦压降，没有考虑由于入流引起的动能变化造成的加速压降以及入流对井筒内总流的影响。这种计算没有真正反映井筒内变质量流的流动本质。

生产段井筒内的流动不同于普通管流。因为井筒内除了沿井筒长度方向的流动（主流）外，还有流体从油藏径向流入井筒。沿主流方向，井筒内质量流量不断增加，其流动为变质量流。因此，由于主流速度不断增加而引起的加速压降不等于零，其影响也不能忽略。另外，由于流体从油藏径向流入井筒，井筒内主流速度剖面会受影响，与普通水平管流相比，主流速度剖面形状会发生改变，径向流入干扰了井筒内壁边界层流动，从而会改变由速度分布决定的壁面摩擦阻力。故生产段井筒内流动方程不同于普通水平管内流动方程。

总的来说，复杂结构井井筒内的流动问题与常规井的井筒内流动主要的不同之处有两个方面：一是地层流入对井筒内流动压降的影响不可以忽略，这一点对于水平分支井或大斜度分支井更是如此；二是分支汇合点处压力损失的影响。建立完善的井筒流动模型必须要解决好这两个方面的问题。

下面将建立反映井筒内上述流动特点的压降计算模型。取井筒内长度为 $\Delta x$ 的控制体进行分析（图 1-6）。假定井筒内为单相不可压缩牛顿流体作等温流动。取井筒内长度为 $\Delta x$ 的控制体进行分析。

在上述假设条件下，动量方程为：

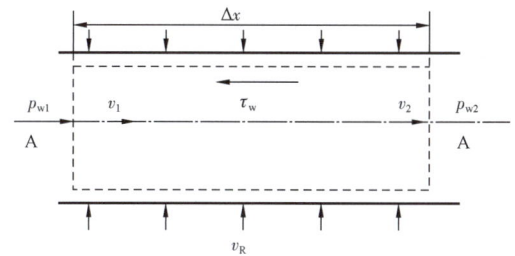

图 1-6　生产段井筒内微段流动分析示意图

$$\frac{\mathrm{d}p}{\mathrm{d}x} = -2\rho q_l \frac{v}{A} - \tau_w \frac{S}{A} - \rho g \sin\theta \qquad (1-40)$$

式中　$q_l$——单位管段长度的体积流量，$m^3/d$；

$v$——就地速度，m/s；

$\tau_w$——井壁处的切向摩擦力，N/m；

$S$——管段的截面积，$m^2$；

$A$——控制体横截面积，$m^2$；

$\theta$——管段倾斜角，(°)。

式(1-40)表明整个管内的压降由 3 部分组成：

(1) 由管壁处的流入或流出引起的加速度压力梯度，当管径没有变化而且管壁处没有流体流入或流出的情况下这一项应该等于零。

(2) 摩擦压力梯度，由井筒轴向流动及管壁入流引起，受管径、材质、流量、黏度、长度等影响。

(3) 重力梯度，由重力势差异引起，受流体密度、井筒高差(斜井、斜分支井、起伏水平井)等影响，直水平井或在同一水平面内的多分支井可以忽略这一项。

一般情况下，摩擦压降 $\Delta p_f$ 都比加速度压降 $\Delta p_a$ 大很多，可以忽略加速度的压降。

根据质量守恒原理：

$$\rho v_1 A + \rho v_R \pi D \Delta x - \rho v_2 A = 0 \qquad (1-41)$$

式中　$\rho$——流体密度，$kg/m^2$；

$v_1, v_2$——分别为控制体截面 1 和截面 2 处的平均流速，m/s；

$v_R$——径向流入平均流速，m/s；

$D$——生产段井筒直径，m。

由式(1-40)得：

$$v_2 = v_1 + \frac{4v_R}{D}\Delta x \qquad (1-42)$$

对于控制体，流体收到表面力及质量力的作用，质量力在 $x$ 方向的合力为零；受到的表面力有：上游端力 $p_1$，下游端压力 $p_2$ 以及管壁摩擦阻力 $\tau_w$，根据动量定理：

$$p_{w1}A - p_{w2}A - \tau_w \pi D \Delta x = (\rho A v_2)v_2 - (\rho A v_1)v_1 \qquad (1-43)$$

式中 $p_w$——井筒内压力，MPa；

$\tau_w$——井筒内壁面摩擦阻力，N/m。

井筒内压降为：

$$\Delta p_w = p_{w1} - p_{w2}$$

则由(1-42)式得：

$$\Delta p_w = \frac{4\tau_w}{D}\Delta x + \rho(v_2^2 - v_1^2) \qquad (1-44)$$

对于普通水平圆管内管流，$\tau_w$ 可表示成：

$$\tau_w = \frac{f_0 \rho v^2}{8} \qquad (1-45)$$

式中 $f_0$——普通管流(无径向流入时)摩擦系数。

由于径向入流干扰了井筒内主流管壁边界层，从而会改变管壁摩擦，故引入一系数 $C$ 对壁面摩擦系数进行修正；另外，由于径向流入，控制体上游端和下游端流速不等，用两截面处的速度平均值代替 $v$，则对于井筒内流动：

$$\tau_w = \frac{Cf_0\rho}{8}\left(\frac{v_1+v_2}{2}\right)^2 \qquad (1-46)$$

将式(1-45)代入式(1-43)得：

$$\Delta p_w = \frac{Cf_0\rho}{2D}\left(\frac{v_1+v_2}{2}\right)^2 \Delta x + \rho(v_2^2 - v_1^2) \qquad (1-47)$$

用流量表示速度得：

$$\Delta p_w = \frac{Cf_0\rho}{8DA^2}(2q_w + q)^2 \Delta x + \frac{\rho q(2q_w + q)}{A^2} \qquad (1-48)$$

式中 $q_w$——该控制体上游端流量，m³/d；

$q$——从油藏流入该控制体的流量，m³/d。

Ouyang 等人的研究表明：径向入流对井筒内层流和紊流的影响程度不同，即径向入流会增大主流为层流时的摩擦阻力系数，而会减小主流为紊流时的摩擦系数。增大或减小的值与径向入流雷诺数大小有关。

对于层流：

$$C = 1 + 0.04304 Re^{0.6142} \qquad (1-49)$$

对于紊流：

$$C = 1 - 0.0153 Re^{0.3978} \qquad (1-50)$$

式中 $Re$——径向入流的雷诺数,无量纲。

$$Re = \frac{q_s \rho}{\pi \mu} \quad (1-51)$$

式中 $q_s$——单位井筒长度上的径向流入量,$m^3/d$。

### 四、耦合模型的建立及求解

分支水平井筒流动属于一种复杂的变质量流动,它比常规的管内流动更难以处理。目前的研究方法大都是在简化条件下把常规管道中的结果应用到水平段内流体流动上去,这样会使准确性受到影响。由于水平井中流动和油藏渗流有很密切的关系,要准确描述水平井的生产动态,必须把两种流动耦合起来,得到一个耦合模型,所以研究适合与油藏渗流结合的井筒流动模型是很必要的。

复杂结构井生产时,流体在油藏中呈三维流动流向井筒,沿井筒不同位置流入井筒后再流向各支跟端。分析可知:从油藏流入井筒的流体流量大小会影响井筒内的压力分布和压降大小,而井筒内的压力分布又会影响油藏内的渗流,从而影响流入井筒内的流量分布及大小。由此看来:油藏内的渗流和生产段井筒内的流动是相互联系、又相互影响的两个流动过程,即这两个流动过程是相互耦合在一起的(图1-7),准确描述这两个流动过程的规律及耦合关系对理解复杂结构井生产本质和建立较精确的产能预测模型具有重要意义。

假设把生产段井筒总共分割成 $N$ 段。
(1)油藏内的流动方程。
对于油藏内流动:

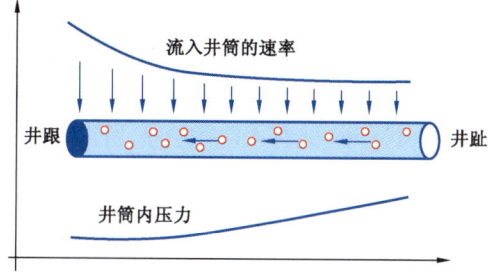

图1-7 地层渗流与井筒流动耦合示意图

$$p_i = p_e - \sum_{i=1}^{N} \frac{\mu_0}{4\pi K} q_i [\varphi_i - \varphi_{i,e}] \quad (i=1,2,3,\cdots,N) \quad (1-52)$$

式中 $p_i$——油藏节点压力(第 $i$ 段井筒长度方向中点位置井筒外缘处的压力),MPa;

$q_i$——从油藏流入第 $i$ 段井筒的流量,$m^3/d$。

其中,$p_e, K, \mu_0$ 均为常数;$\varphi_i, \varphi_{i,e}$ 可按公式求出。

式(1-52)描述了 $p_i$ 与 $q_i$ 之间的关系,即:

$$F(p_i, q_i) = 0 \quad (1-53)$$

共有 $N$ 个方程。
(2)井筒内的流动方程。
对于井筒内流动:
在已知跟端流压 $p_{wf}$ 情况下,可根据式(1-53)得到井筒内的压力分布:

$$p_{wi} = F_2(p_{wf}, \Delta p_{wi}) = F_2(p_{wf}, q_i, q_{wi}) \quad (1-54)$$

式中　$p_{wi}$——第 $i$ 段井筒内中心位置处的压力，MPa；

　　　$q_{wi}$——第 $i$ 段井筒上游端的流量，m³/d。

式(1-54)描述了井筒内 $p_{wi}$，$q_i$，$q_{wi}$ 之间的关系，共有 $N$ 个方程。

(3)质量守恒方程。

井筒内任意段的平均流量都与从油藏流入该段上游各段流量有关。根据质量守恒原理可得：

$$q_{wi} = F_3(q_i, q_{i+1}, \cdots, q_N) \quad (i = 1, 2, \cdots, N) \tag{1-55}$$

共有 $N$ 个方程。

(4)连续性方程。

另外，由于井筒内的动量守恒方程是一维的，井筒中心位置处的流动压力代表了该位置整个横截面上各点的压力，因而井筒中心位置处的压力等于井筒中心位置外缘处的压力，以保持压力的连续性，即：

$$p_i = p_{wi} \quad (i = 1, 2, \cdots, N) \tag{1-56}$$

共有 $N$ 个方程。

式(1-53)至式(1-56)描述了油藏内和井筒内的流动及耦合关系。对于耦合在一起的油藏内流动和井筒内流动问题，共有 $q_i$，$p_i$，$q_{wi}$，$p_{wi}$（$i=1,2,\cdots,N$）等 $4N$ 个未知数，而式(1-53)至式(1-56)共有 $4N$ 个方程，所以求解这 $4N$ 个方程即可得到问题的解。

(5)全井产油量。

求得 $p_{wi}$ 和 $q_i$ 后，全井的产油量 $q_0$ 表示为：

$$q_0 = \sum_{i=1}^{N} q_i / B_0 \tag{1-57}$$

式中　$B_0$——地层原油体积系数，无量纲。

描述油藏内和井筒内流动及耦合关系的方程是复杂的非线性方程组，用直接法无法求解。本章提出用迭代法求解上述问题，给定 $p_{wi}$ 的初值，即给定 $p_i$ 的初值。求解式(1-53)得到 $q_i$，然后用式(1-55)求得井筒内流量分布 $q_{wi}$，将 $q_i$ 和 $q_{wi}$ 代入式(1-54)求得 $p_{wi}$，即更新 $p_{wi}$。把 $p_{wi}$ 作为新一轮迭代的值，重复上述过程。当 $p_{wi}$ 和 $q_i$ 两次迭代值之差的最大值小于某一规定误差时，停止迭代，即求得 $p_{wi}$ 和 $q_i$。具体求解过程如下：

① 计算各参数，如 $\varphi_i$ 等。

② 假定 $p_{wi}$ 和 $q_i$ 的初值：$p_{wi}^0$ 和 $q_i^0$。

③ 用求解线性代数方程的任何一种方法如高斯消去法求解式(1-53)，得到 $q_i$，记为 $q_i^0$。

④ 将步骤③求出的 $q_i$ 代入式(1-55)，求得 $q_{wi}$。

⑤ 将 $q_i$ 和 $q_{wi}$ 代入式(1-54)，根据给定的跟端流压 $p_{wf}$，求解得到井筒内压力分布 $p_{wi}$，此值作为下一次迭代的初值。

⑥ 重复步骤②~⑤，求出 $n+1$ 步 $p_{wi}^{n+1}$，$q_i^{n+1}$，比较 $n+1$ 步和 $n$ 步的 $p_{wi}$ 和 $q_i$ 值，若对于事先给定的精度 $\xi_1$ 和 $\xi_2$，有：

$$\max_{i \in N} |p_i^{n+1} - p_i^n| < \xi_1 \qquad (1-58)$$

$$\max_{i \in N} |q_i^{n+1} - q_i^n| < \xi_2$$

则：

$$p_{wi} = p_{wi}^{n+1}$$

$$q_i = q_i^{n+1}$$

迭代停止。若式(1-58)不成立，则重复步骤②~⑥，直到满足精度为止。

求解流程如图1-8所示：

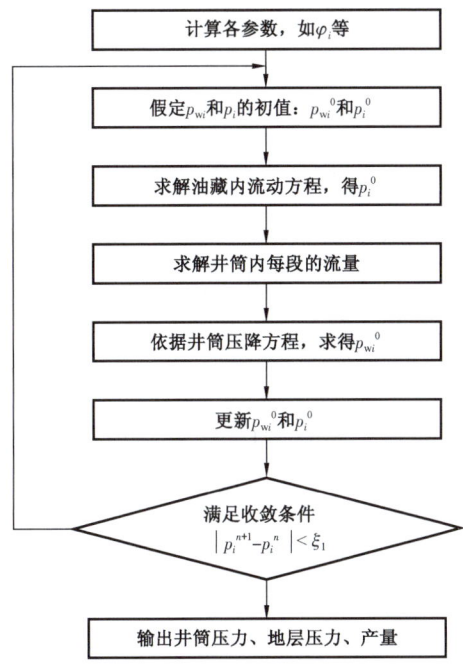

图1-8 分段耦合模型求解流程图

## 五、油藏各向异性的处理方法

众所周知，各向异性是影响水平井应用效果的重要因素，对于鱼骨状分支水平井也会产生明显影响，为了考虑储层渗透率的各向异性因素，根据各向异性油藏渗流理论，引入转换矩阵 $D$ 进行空间变换，将各向异性渗透率空间转换为等价的各向同性空间，然后再进行模型的求解。转换矩阵 $D$ 形式如下：

$$\boldsymbol{D} = \begin{bmatrix} a & 0 & 0 \\ 0 & b & 0 \\ 0 & 0 & c \end{bmatrix} \qquad (1-59)$$

其中：

$$a = \sqrt{K_y K_z} \Big/ \sqrt[3]{K_x K_y K_z}$$

$$b = \sqrt{K_x K_z} \Big/ \sqrt[3]{K_x K_y K_z}$$

$$c = \sqrt{K_x K_y} \Big/ \sqrt[3]{K_x K_y K_z}$$

转换后的各向同性油藏中各方向渗透率 $K = (K_x, K_y, K_z)^{1/3}$，转换前后空间中的几何参数发生如下改变：

$$x' = a \cdot x$$

$$y' = b \cdot y$$

$$z' = c \cdot z$$

$$h' = c \cdot h$$

$$l' = l\sqrt{c^2 \cos^2\theta + (a^2 \cos^2\omega + b^2 \sin^2\omega)\sin^2\theta}$$

$$r'_w = \frac{r_w}{\alpha^{1/3}} \frac{1}{2\beta} \times \sqrt{(1 + \frac{\beta^2}{\gamma})^2 + \left[\left(\sqrt{\frac{K_x}{K_y}} - \sqrt{\frac{K_y}{K_x}}\right)\frac{\cos\theta \cdot \cos\omega \cdot \sin\omega}{\gamma}\right]^2}$$

式中　$\theta$——复杂结构井井段的井斜角，(°)；

　　　$\omega$——复杂结构井井段的方位角，(°)；

　　　$l'$、$l$——各向同性油藏、各向异性油藏中的复杂结构井井段长度，m；

　　　$r'_w$、$r_w$——各向同性油藏、各向异性油藏中复杂结构井井段的半径，m；

　　　$h'$——各向同性油藏的储层厚度，m。

将经过空间转换处理后的油藏与分支井形态参数输入产能预测模型，可以得到考虑各向异性因素后的压力分布和产能。应用该模型，计算了8种不同渗透率各向异性情况下的压力分布场，结果如图 1-9 所示。其中，(a)~(d)方案中 $K_x = 20\text{mD}, 40\text{mD}, 60\text{mD}, 80\text{mD}, K_y = 30\text{mD}$；(e)~(h)方案中 $K_y = 20\text{mD}, 40\text{mD}, 60\text{mD}, 80\text{mD}, K_x = 30\text{mD}$。

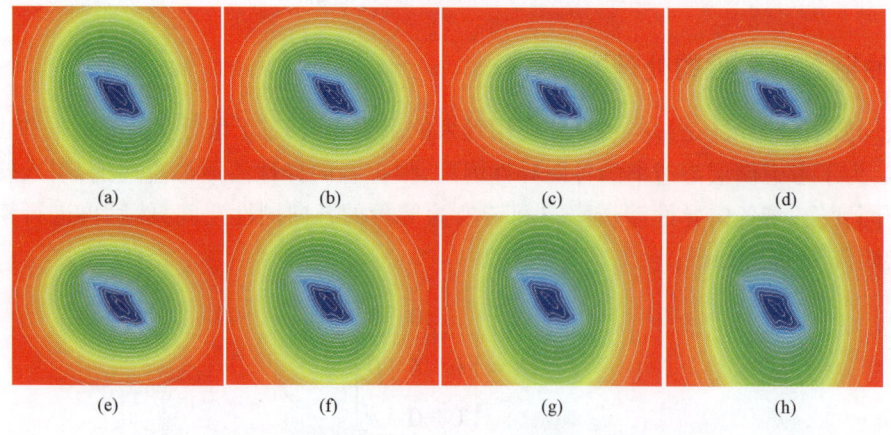

图 1-9　各向异性对鱼骨状分支水平井压力分布影响图

从图(1-9)可以看出,油藏各向异性对压力场分布会产生明显的影响,随着 $x$ 方向渗透率逐渐增大,鱼骨状分支水平井压力场向左侧偏转,随着 $y$ 方向渗透率逐渐增大,鱼骨状分支水平井压力场向右侧偏转。

## 六、油藏非均质性的处理方法

鱼骨状分支水平井与地层的接触面大大增加,地层渗透率的非均质性对井流入剖面的影响比常规井大很多,为了使鱼骨状分支水平井渗流模型更加贴近实际的油藏条件,采用 $S$—$K^*$ 方法对地层非均质的情况进行处理,该方法的关键步骤是计算表皮系数 $S$ 以及全局渗透率 $K^*$,即将各向渗透率对每一小井段的影响以表皮因子的形式加到每一个井段中,从而体现地层非均质性对井产能的影响。

### 1. 全局渗透率的计算

全局渗透率 $K^*$ 表示在给定油藏系统中整体的有效渗透率,$K^*$ 被假设为一个对角张量(对角元素为 $K_{xx}^*$,$K_{yy}^*$,$K_{zz}^*$)。一般情况下,采用幂率平均的方法能够有效地对全局渗透率进行计算。虽然幂率平均的方法仅仅只需要几个参数,但是这一方法非常灵活,并且可以通过改变平均幂指数来描述不同的地质条件。

$$K_{\mathrm{dd}}^* = \left( \frac{1}{n} \sum_{i=1}^{n} K_{\mathrm{dd}}^{\omega_{\mathrm{dd}}}(x_i) \right)^{\frac{1}{\omega_{\mathrm{dd}}}} \tag{1-60}$$

其中,$K_{\mathrm{dd}}^*$ 为任意坐标轴方向的渗透率张量,各个方向的幂指数 $\omega$ 可以不同($-1 \leqslant \omega \leqslant 1$)。

### 2. 表皮系数的计算

表皮系数通常用来表示地层中近井地带渗透率变化的影响(图1-10)。引入表皮系数的概念可以反映近井地带渗透率的非均质性对井筒内流动的影响。

表皮系数的无因次表达式:

$$S = \left( \frac{K}{K_\delta} - 1 \right) \ln \frac{r_\delta}{r_\mathrm{w}} \tag{1-61}$$

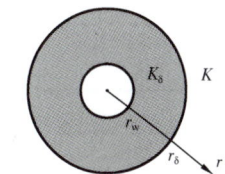

图1-10 径向流动中的表皮系数

式中 $K_\delta$——污染带渗透率,mD;
$K$——油藏平均渗透率,mD;
$r_\delta$——污染带半径,m。

油藏平均渗透率利用全局渗透率计算:

$$K = \sqrt[3]{K_{xx}^* K_{yy}^* K_{zz}^*} \tag{1-62}$$

通过将鱼骨状分支水平井任意井段近井地带渗透率的影响归结为该井段的污染带半径和污染带渗透率,就可以实现对地层非均质性的有效模拟。

(1)污染带渗透率的计算。

等效渗透率 $K_\delta$ 是通过下式对目标区域内的渗透率加权平均得到的:

$$K_{\delta,\mathrm{dd}}^{\xi} = \frac{1}{\Gamma_\delta} \int_\delta \frac{K_{\mathrm{dd}}^{\xi}(x)}{r^n} \mathrm{d}x \tag{1-63}$$

式中 $\xi$——权值,$\xi=0$ 时为几何平均;

$r$——离当前井段的距离,m;

$n$——距离权值,$n=2$;

$\delta$——目标区域;

$dd$——任意一个坐标轴方向。

$$\Gamma_\delta = \int_\delta r^{-n} dx \qquad (1-64)$$

为了表示渗透率各向异性的影响,用如下的公式计算3个系数:

$$\begin{cases} a_L = \dfrac{\sqrt{K_{\delta,yy}K_{\delta,zz}}}{K_\delta} \\ b_L = \dfrac{\sqrt{K_{\delta,xx}K_{\delta,zz}}}{K_\delta} \\ c_L = \dfrac{\sqrt{K_{\delta,xx}K_{\delta,yy}}}{K_\delta} \end{cases} \qquad (1-65)$$

其中:

$$K_\delta = \sqrt[3]{K_{\delta,xx}K_{\delta,yy}K_{\delta,zz}}$$

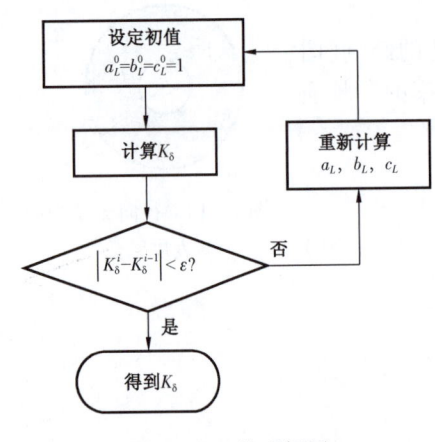

图1-11 处理框图

这3个系数代表了目标区域的各向异性,利用这3个系数可以进行坐标转换,将各向异性的地层转换为各向同性,然后可以在新的坐标系下进行表皮系数及其他相关参数的计算。然而,3个系数和$K_\delta$是通过距离$r$彼此互相联系的,因此当目标区域的各向异性是随处变化时,需要利用迭代的办法计算$a_L$、$b_L$、$c_L$和$K_\delta$(图1-11)。

$\Delta x,\Delta y,\Delta z$是井段和采样点在3个方向上的实际距离,下标$i$表示的是迭代次数。当两次迭代中$K_\delta$的相对变化小于指定的误差限$\varepsilon$时,就认为迭代收敛了。

(2)污染带半径的计算。

为了计算拟表皮系数还需要算出等效半径$r_\delta$,为了体现各向异性的影响,在本书中采用空间转换和坐标转换的方法(图1-12)。首先将各向异性空间转换为各向同性空间,再将原坐标系转换为以井轴为纵坐标,井轴界面为平面坐标的新坐标系,对等效半径$r_\delta$进行计算。例如,对平行

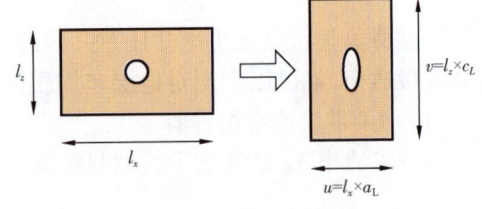

图1-12 坐标变换示意图

于 $y$ 方向的一口井,可以采用如图 1-12 所示的坐标变换:

$r_δ$ 可以用坐标变换后的区域尺寸表示:

$$r_δ = \sqrt{u^2 + v^2} \qquad (1-66)$$

**3. 考虑表皮系数影响后渗流模型的改进**

表皮系数的影响会使井筒周围的势分布发生改变,引入表皮系数后渗流模型可以改写为:

$$p(x,y) = p_e - \sum_{i=1}^{N} \frac{\mu}{4\pi K} \left[ q_i(\phi_i - \phi_e) + \frac{S_i q_i}{L} \right] \qquad (1-67)$$

应用式(1-67)计算考虑表皮系数影响的势分布的前提是:假设段($i_w, i_s$)周围的表皮系数只影响本段的势分布而对其他段的势分布没有影响。

## 第二节 复杂结构井离散井筒耦合数值模拟模型

基于多段井模型的数值模拟研究方法可以弥补解析及半解析数学模型的不足,具有可以精确描述井身结构及完井状况及井筒内单相及多相流体流动特征,可以考虑非稳态、复杂地质等因素影响的优势,因此,鱼骨状分支水平井数值模拟研究技术,可以很好地应用于鱼骨状分支水平井复杂地质条件下的产能预测及多相渗流机理研究。本节以 Eclipse 数值模拟软件为基础,通过对其多段井技术原理与应用功能的深度开发,完成鱼骨状分支水平井多相流产能预测、井筒压力损失计算、水驱规律研究、井网指标预测等研究。

### 一、模型基本原理

沿着井轨迹将井筒(鱼骨状分支水平井的分支和主井筒)分成若干一维小段,每一段作为井筒流动模拟的控制体积,由段节点和段的流动路径组成,其典型的参数包括其长度、内径、摩擦系数和倾角(图 1-13)。

每一段的控制方程是动量守恒方程和质量守恒方程,因此如果一个多段井模型,分为 $n$ 段,那么就会有 $4n$ 个方程。针对每一段进行油藏渗流和井筒流动的耦合,即通过井筒的分段处理,考虑各段沿井筒方向和油藏径向的入流影响,实现井筒变质量流动描述;建立完善的井筒流动模型,考虑井壁地层入流干扰对井筒加速度压降及摩擦压降的影响,实现地层渗流与井筒管流耦合条件下的井筒流动特征描述。然后对耦合的油藏渗流与井筒模型经过联立数值求解,求得每一井段的压力和流入量分布,从而得到整个井的压力和流量。

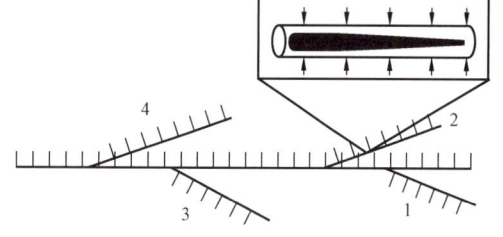

图 1-13 鱼骨状分支水平井分段示意图
1—分支一;2—分支二;3—分支三;4—分支四

## 二、变质量流模型

水平井或分支井与常规井的井筒内流体流动的不同之处在于,地层流体流入影响了井壁的摩擦系数和能量交换。多段井模型是目前能较好地描述复杂结构井井筒内部变质量流体流动的方法。变质量流即对于分支井井筒内的流体流动,除了沿井筒方向有流动(主流)外,沿程各处还有油藏的径向流入,因此井筒内的流动具有与普通水平管流动不相同的特性。其主要特征有:

(1)变质量流。即流体从油藏的径向流入,从指端到跟端,井筒内流体质量流量逐渐增加。

(2)加速度压降不等于零。即质量流量逐渐增加,流速也逐渐增加,加速度压降的影响变得相当重要,不能忽略。

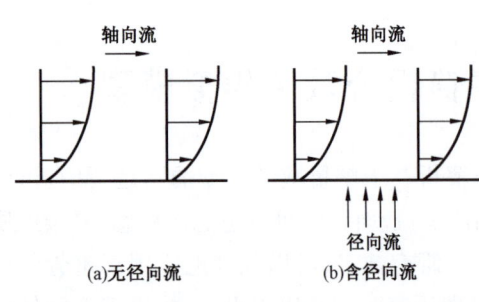

图 1-14 沿井筒径向流示意图

(3)主流速度剖面变形。与普通水平管流相比,主流速度剖面会受到影响,径向流入干扰了管壁边界层,从而会改变由速度分布决定的壁面摩擦阻力。流体从油藏的径向流入,从指端到跟端,井筒内流体质量流量逐渐增加(图1-14)。

多段井模型变质量流的数学描述如下。

井筒内部各段节点处流体流动物质平衡方程为:

$$R_{ln} = \frac{\Delta m_{ln}}{\Delta t} - \sum_{i \in n} q_{li} - \sum_{j \in n} q_{lj} + q_{ln} = 0 \quad (1-68)$$

式中　$\Delta m_{ln}$——第 $n$ 段在 $\Delta t$ 时间内 $l$ 相的体积增量;

$q_{li}$——由节点 $i$ 流入第 $n$ 段的流量;

$q_{ln}$——流出第 $n$ 段的流量;

$q_{lj}$——从与第 $n$ 段连接的网格节点 $j$ 流入井筒的流量。

段的流入动态方程为:

$$q_{lj} = J_j \lambda_{lj} (p_j + H_{cj} - p_n - H_{nc}) \quad (1-69)$$

$$J_j = \frac{c\theta Kh}{\ln(r_o/r_w) + S} \quad (1-70)$$

式中　$J_j$——与井连接的网格节点 $j$ 的连接传导系数,无量纲;

$\lambda_{lj}$——$l$ 相在网格节点 $j$ 处的流度,$m^3/(Pa \cdot s)$;

$p_j$——网格节点 $j$ 处的压力,MPa;

$H_{cj}$——网格块中心和完井深度的静水压头校正,MPa;

$p_n$——第 $n$ 段节点的压力,MPa;

$H_{nc}$——第 $n$ 段节点深度和完井深度的静水压头校正，MPa；
$c$——单位转换因子；
$\theta$——段的角度，(°)；
$Kh$——与段连接的网格的有效渗透率与厚度的乘积，$m^3$；
$r_o$——网格的压力等效半径，m；
$r_w$——井筒半径，m；
$S$——表皮系数，无量纲。

在钻井过程中，由于钻井液、完井液侵入所造成的储层伤害会极大影响产能，表皮系数作为综合反映钻井、完井情况的一个重要的修正参数，在进行鱼骨状分支水平井的产能计算过程中必须予以充分考虑。根据文献 17 提供的基本方法，经过整理化简得到考虑各向异性的鱼骨状分支水平井任意分段 $n$ 的表皮系数表达式：

$$S_n = \left(\frac{K}{K_s} - 1\right)\ln\left(\frac{R_{u,\mathrm{dh}} + \sqrt{R_{u,\mathrm{dh}}^2 - R_{u,\mathrm{w}}^2}}{R_{u,\mathrm{w}}}\right) \qquad (1-71)$$

式中　$S_n$——第 $n$ 段表皮系数，无量纲；
　　　$K$——储层渗透率，mD；
　　　$K_s$——储层伤害后储层渗透率，mD；
　　　$R_{u,\mathrm{w}}$——井筒边界椭圆长轴，m；
　　　$R_{u,\mathrm{dh}}$——储层伤害边界椭圆长轴，m。

## 三、离散井筒模型

沿着井轨迹将井筒（鱼骨状分支水平井的分支和主井筒）分成若干一维小段，每一段由段节点和段的流动路径组成（图 1-15）。各段可以有多个网格连接，每段分别用一套独立的变量描述局部流体的流动状态，从而实现井筒与油藏的高度耦合。

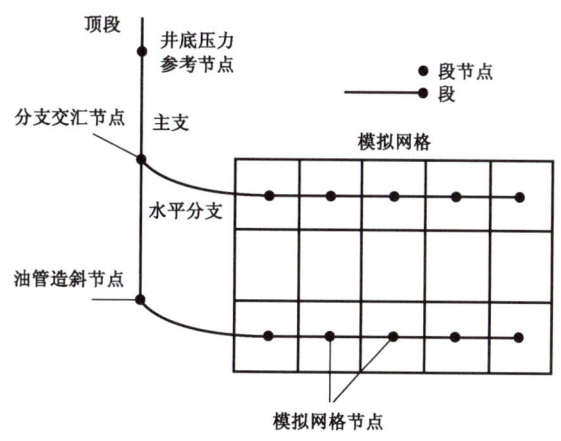

图 1-15　离散井筒示意图

在 Eclipse 软件中,每段存在 4 个变量:流动压力、总流量、水和气的分流量。段的变量通过求解物质平衡方程及压降方程获得,其中,压降方程中考虑重力、加速度及摩擦阻力压降三方面的影响。另外,对于具有井下控制装置的"聪明井",多段井模型还可以将部分段设定为井下控制装置,通过不同方法反映由于井下控制装置所产生的压力降落,例如:通过压力损失系数来描述由于高的汽油比或水油比所产生井下控制装置的压力损失的增大,通过流量门限值来描述可以控制油、气、水流量装置的压力损失,通过次临界值来描述井下分离器等。除此之外,多段井模型还可以考虑井筒内横向流及储存效应。

## 四、井筒压降模型

井筒压降模型准确描述了井筒压力降落现象,能够计算井筒内摩阻损失、加速度损失及水静力学损失三个方面的损失。压降的计算提供三种计算模型,分别是:均质流模型(各相流速相等)、漂流模型(存在相间滑脱)、VFP 模型(插值)。通过三种模型可以实现各参数对井筒压降影响的计算,分析流速、含水、气油比等参数与压力的相互影响关系。井筒内部各段节点处流体流动压力损失方程为:

$$R_4 = p_n - p_{n-1} - \Delta p_h - \Delta p_f - \Delta p_a = 0 \quad (1-72)$$

式中 $p_{n-1}$——沿着井眼方向与第 $n$ 段相邻的段的压力,MPa;

$\Delta p_h$——水静力学压降,MPa;

$\Delta p_f$——摩阻压降,MPa;

$\Delta p_a$——加速度压降,MPa。

由于径向流入干扰了井筒内主流管壁边界层,从而会改变管壁摩擦,故引入一系数 $C$ 对壁面摩擦系数进行修正,这样摩阻压降表达式为:

$$\Delta p_f = \frac{C_f C f_0 L \rho v^2}{D^6} \quad (1-73)$$

式中 $C_f$——单位换算系数;

$C$——考虑壁面流入干扰摩擦系数修正系数;

$f_0$——范宁摩擦系数(无径向流入时);

$L$——水平井射孔段之间的距离,m;

$\rho$——井筒流体平均密度,kg/m³;

$v$——流体的流速(假设无滑动),m³/d;

$D$——水平井内径,m。

加速度损失方程:

$$\Delta p_a = H_{v\text{out}} - H_{v\text{in}} \quad (1-74)$$

$$H_v = \frac{0.5 C_f Q^2}{A^2 \rho} \quad (1-75)$$

式中 $H_v$——连接点的速度压头,MPa;

$H_{v\text{out}}$——通过段的流出节点的速度压头,MPa;

$H_{vin}$——通过段的流入节点的速度压头,MPa;
$Q$——通过段的质量流量,kg/d;
$A$——段的截面积,$m^2$;
$\rho$——混合物的密度,$kg/m^3$。

重力损失方程(图1-16):

$$H = H_{AB} - H_{BC} = H_{cj} - H_{nc} = \rho_R g(H_A - H_B) - \rho_T g \quad (1-76)$$

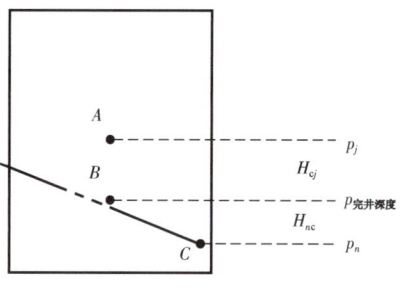

图1-16 水静力损失示意图

式中 $H$——静力学水头损失之差,MPa;
$H_{AB}$——网格块中心和完井深度的静水压头校正,即$H_{cj}$,MPa;
$H_{BC}$——第$n$段节点深度和完井深度的静水压头校正,即$H_{nc}$,MPa;
$\rho_R$——网格流体平均密度,$kg/m^3$;
$\rho_T$——段内混合物密度,$kg/m^3$;
$H_A$——$A$点水头高度,m;
$H_B$——$B$点水头高度,m;
$g$——重力加速度,$m/s^2$。

### 五、多段井模型模拟应用

开发应用多段井数值模拟模块,可以大大丰富鱼骨状分支水平井渗流规律研究手段。主要体现在以下几方面。

#### 1. 复杂井模型的精确描述

多段井模型中对井的描述,要考虑多段井的基本形态、基本参数、网格位置等,给定段长度,将井分为许多段,在每段中分别计算压力和地层流入流量及整体流量,然后逐步计算井筒的综合压力和流量。在Eclipse模块中通过导入相关数据文件 *.dev、*.ev、*.tub、*.net、*.cnt、*.egrid、*.init,检查分支井轨迹文件,建立分支井段,显示多段井模型等步骤即可建立数值多段井模型。生成 *.sch 文件,其中有以下关键词定义说明多段井分段情况:

WSEGDIMS—定义多段井井数、多段井分段数、分支井的分支数;WELSPECS—定义井信息;WELSEGS—定义井段信息;COMPDAT—射孔信息;COMPSEGS—段射孔信息。

与常规井处理方法不同的是,通过井分段后,每一段的节点可以与所在网格的中心点分开描述。这样每段节点可以根据其空间位置落入相应网格的任意位置和深度,避免了常规井描述方法中将偏离网格中心点深度的井轨迹强制偏移至网格中心点,导致井轨迹的"齿化"现象,可以真实表现任意复杂结构井的拓扑结构,实现了井与地层非均质性的完美匹配。图1-17是应用胜利油区埕岛油田 CB6-ZP1 井的实际钻井参数与地质模型产生的离散井模型。可以看出,离散后的井结构形态与实际的情况完全一致。

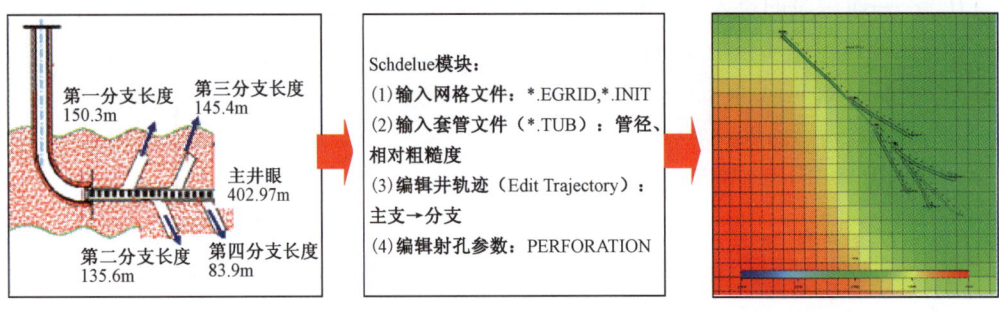

图 1-17　CB26-ZP1 井的井模型建立流程及结果图

**2. 井筒流动动态的精确描述**

井筒分段后的各段具备 3 个独立的变量：分段流动压力、分段总流量、流体相（油、水或气）分流量。应用综合压降描述方法，结合分段流量与压力的定量计算与分析，可以得到井筒沿程的流量/压力分布、主分支产量贡献比例、井筒压力损失大小等指标，深化井筒内部流动特征的研究。

（1）井筒沿程流量/压力分布。

由于直接的分段输出结果只反映了井筒内部段的流过量，无法体现沿程地层渗流量大小；井的分段号与实际的井轨迹走向不一致，无法直观地与实际的井轨迹对应；段的流过量受段长的影响明显，无法体现地层向井流的强度。而沿程流量、压力的流量贡献结果可以直观显示鱼骨状分支水平井支间汇流及干扰下的井筒流动特征，因此需要通过合理的处理与计算方法得到（图 1-18）。

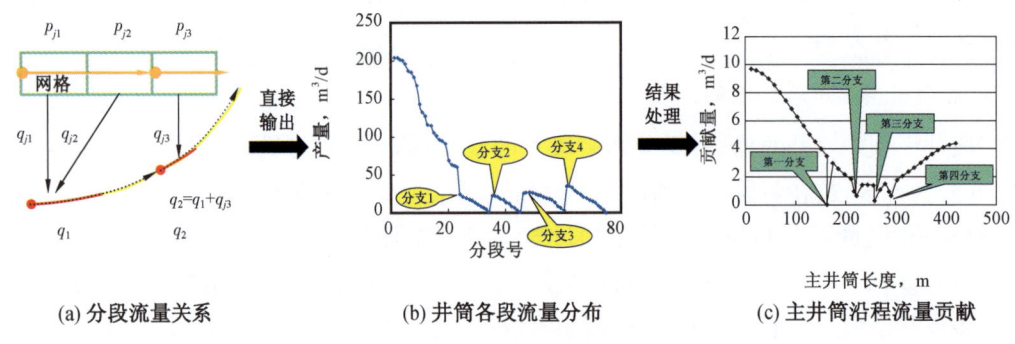

图 1-18　沿程流量、压力计算流程及结果图

首先确定主井筒段的起止段号和各分支与主井筒连接的主支的段号；然后利用分段流量关系，结合井筒走向与段的关系，计算段的流量贡献大小；最后考虑段长的影响，计算各段单位长度流量贡献，绘制沿程流量贡献图。

（2）主分支产量贡献比例。

应用主分支产量比例的定量计算结果，可以很好地认识和分析鱼骨状分支水平井综合产能变化的原因，是渗流规律研究的重要指标。按照沿程流量及压力的处理思路，确定如下计算过程：

首先确定主井筒及分支的起止段号；然后利用各分支起止段的流量计算分支产量；接下来

利用井筒总产量减去各分支产量,计算主支产量;最后利用主分支产量做对比,计算贡献比例。

(3) 井筒压力损失大小。

井筒压力损失是导致沿程流量及压力变化的关键要素,也是影响产能预测精度的重要因素。在给定井筒、流体参数或者流动参数情况下,可以根据用户选择的均质流模型或漂流滑脱模型来计算各分段的重力、加速度及摩擦压降。利用分段压降结果,按照与沿程流量剖面和主分支产量比例相同的流程和方法,计算主分支三种压降大小及其沿程分布。

3. 复杂完井方式的精确描述

多段井模型在精确表征复杂结构井筒拓扑关系的同时,通过定义不同段的表皮系数大小来反映不同完井方式对流体流入动态的影响。根据主分支分段号的不同,可以分别对不同的井筒段根据实际的完井方式指定不同的表皮系数。这样一来,任意级别的完井都可以得到精确描述。在实际的应用过程中,最难以确定的因素是不同完井方式下表皮系数的大小。根据相关研究成果,得到常规9种完井方式的总表皮系数(表1-1)。利用该成果,可以大大提高实际油井的产能预测精度。

表1-1 不同完井方式与表皮系数关系表

| 完井方式 | 完井参数 | 完井总表皮系数 |
| --- | --- | --- |
| 理想裸眼完井 | 无伤害 | 0 |
| 实际裸眼完井 | 钻井伤害区渗透率为1.848D;钻井伤害半径为0.4079m | 1.32982 |
| 割缝衬管完井 | 储层砂堆积层渗透率为50D;割缝衬管外径168.3mm | 3.49400 |
| 裸眼井下砾石充填完井 | 砾石充填层的渗透率为120D;筛管外径为139.7mm | 2.75869 |
| 裸眼井下预充填砾石筛管完井 | 储层砂堆积层渗透率为50D;砾石充填层的渗透率为120D;双层筛管内外径为117/177.8mm | 4.40689 |
| 射孔完井 | 油层套管外径为177.8mm;射孔密度为16孔/m;射孔孔眼直径为12mm;射孔深度为0.35m;射孔向位角为90° | 2.32344 |
| 套管内井下砾石充填完井 | 油层套管内径为161.7mm;射孔密度为16孔/m;射孔孔眼直径为12mm;射孔深度为0.35m;射孔向位角为90°;砾石充填层的渗透率为120D;筛管外径为139.7mm | 2.87580 |
| 套管内绕丝筛管完井 | 油层套管内径为161.7mm;射孔密度为16孔/m;射孔孔眼直径为12mm;射孔深度为0.35m;射孔向位角为90°;储层砂堆积层渗透率为50D;筛管外径为139.7mm | 3.64777 |
| 套管预充填砾石筛管完井 | 油层套管内径为161.7mm;射孔密度为16孔/m;射孔孔眼直径为12mm;射孔深度为0.35m;射孔向位角为90°;储层砂堆积层渗透率为50D;砾石充填层的渗透率为120D;双层筛管内外径为93.98mm/139.7mm | 4.97310 |

另外,井筒的分段处理为有效模拟"智慧井"提供可能。井筒的段可以看作"智慧井"下的一种流动控制装置,该装置可以进行油水分离、水气含量控制等。这样一来,通过不同完井方式下的表皮系数大小,结合多段井"智慧井"完井描述方法,可以表征各种完井方式下的向井流流动特征。

**4. 多段井模拟结果影响因素**

井的分段处理一方面提高了对复杂井筒结构及内部流体流动特征的描述精度,另一方面也增加了数值计算过程中大量的耦合计算工作量,并由此产生计算结果的波动与误差。在实际的应用过程中,为合理避免描述精度提高与计算误差扩大之间的互消关系,重点对分段长度、网格类型两种因素的影响规律进行研究。

(1)分段长度。

应用多段井模型分别设计两种网格步长,采用不同分段段长进行模拟计算,并开展分段段长对计算结果的影响分析(图1–19)。

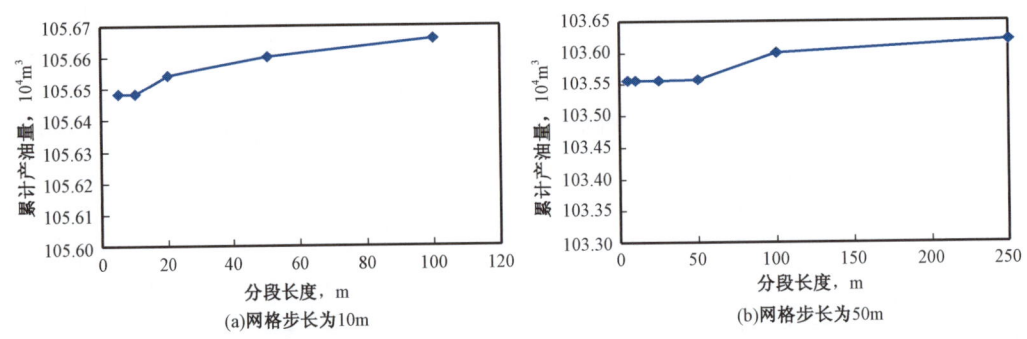

图1–19 不同分段长度下水平井累计产油量对比

可以看出,分段长度小于等于网格步长时对计算结果没影响,当分段长度大于网格步长时,计算结果出现差异。因此,一般建议分段长度与网格步长一致。考虑到分段数很多时计算量很大,将会影响计算速度,因此当计算速度很慢时,可适当放大分段段长。

(2)网格类型。

网格类型不同,对分段流入动态的井指数处理方法不同。选取常规角点网格系统与PEBI网格系统(图1–20),分别运用多段井模型计算分支水平井产能(图1–21)。对比发现,网格类型对模拟结果影响不大。

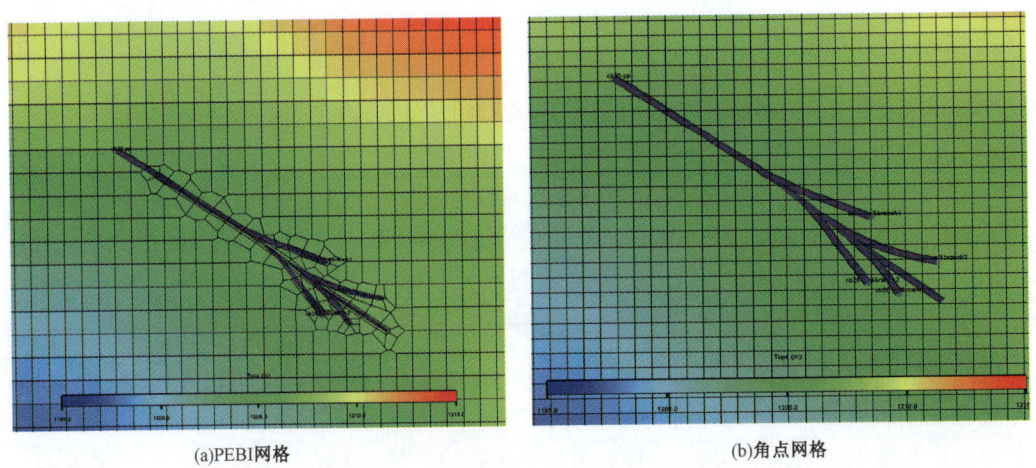

图1–20 两种网格系统下的分支井形态图

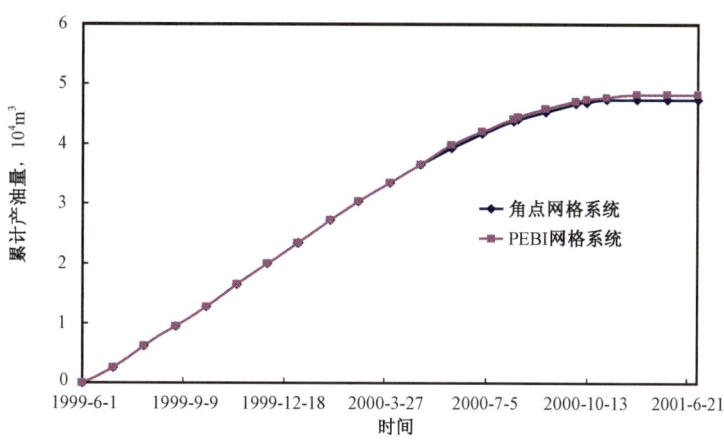

图 1-21　两种网格系统下的分支井累计产油量

# 第二章 鱼骨状分支水平井渗流机理

## 第一节 研究手段与方法

对于分段耦合解析模型,通过镜像反映和势叠加原理解析求解,应用计算机程序语言编译形成分段耦合解析产能计算与分析软件。解析模型计算速度快,精度较高,适宜大量因素分析与计算的井形优化研究和鱼骨状分支水平井干扰分析,可有效避免数值方法中过细网格所产生的计算波动问题,本章主要用于井筒流动特征的流入剖面分析。对于多段井数值模拟,由于其在解决多相流问题方面具有无可比拟的优势,因此,在水驱规律的研究和井网开发指标的预测研究方面,可以弥补解析法和物理模拟法的不足。另外,充分利用 Eclipse 软件的后处理结果与流线模拟器之间的良好接口,可以实现多相流条件下的流线绘制和不同储层条件下的近井等压线绘制,为近井流场分布及水驱规律的研究提供了最直观、可信的结果,本章主要用于近井流场特征的分析。

### 一、物理模拟法

鱼骨状分支水平井分支结构的复杂性以及井眼轨迹的任意性使得常规的建模技术很难模拟鱼骨状分支水平井的渗流规律,特别是近井地带的模拟具有很高的难度。物理模拟实验是完善和深化鱼骨状分支水平井渗流规律、搞清增产机理和见水规律的重要手段。本节在目前鱼骨状分支水平井物理实验技术方法的基础上,通过多相技术的突破和改进,建立了考虑井筒阻力、油藏边界效应的鱼骨状分支水平井产能研究物理实验方法,应用实验手段实现对主分支沿程贡献、近井流场的测试,解决单相流动时分支之间干扰的问题和分支贡献度问题,为深化认识鱼骨状分支水平井的渗流规律和增产机理打下基础。

1. 实验基本原理

利用电场模拟地层流体稳定渗流的规律,其机理在于水电相似理论。地下流体通过多孔介质的稳定渗流符合达西定律及拉普拉斯方程:

$$\begin{cases} V = -\dfrac{K}{\mu}\mathbf{grad}p \\ \nabla^2 p = 0 \end{cases} \qquad (2-1)$$

电流在导电介质中的流动及电势分布符合欧姆定律及拉普拉斯方程:

$$\begin{cases} i = -\rho\mathbf{grad}U \\ \nabla^2 U = 0 \end{cases} \qquad (2-2)$$

电模拟实验要满足水电相似理论。依据相似理论,渗流场和电场的形状与分布相似,两者在相似的边界条件下可得到相似的解。电场中的电流、电压及其分布与稳定渗流场中的流量、压力及其分布具有下列相对应的比例关系。

几何相似系数:

$$C_l = \frac{(L)_m}{(L)_r} \tag{2-3}$$

压力相似系数:

$$C_p = \frac{(\Delta U)_m}{(\Delta p)_r} \tag{2-4}$$

阻力相似系数:

$$C_R = \frac{(R)_m}{(R_f)_r} \tag{2-5}$$

流动相似系数:

$$C_\rho = \frac{(\rho)_m}{(K/\mu)_r} \tag{2-6}$$

流量相似系数:

$$C_q = \frac{(I)_m}{(Q)_r} \tag{2-7}$$

根据相似准则原理,推导流动单元内的欧姆定律及达西定律分别为:

$$\left(\frac{\Delta U}{IR}\right)_m = 1 \tag{2-8}$$

$$\left(\frac{\Delta p}{QR_f}\right)_r = 1 \tag{2-9}$$

联立式(2-3)至式(2-9)得:

$$\frac{1}{C_\rho C_l} = C_r \tag{2-10}$$

$$\frac{C_p}{C_q C_R} = 1 \tag{2-11}$$

式中　下标 m——模型数据;
　　　下标 r——地层数据;
　　　$L$——几何尺寸,m;
　　　$\rho$——溶液电导率,s/m;
　　　$K$——储层渗透率,mD;

$\mu$——原油黏度,Pa·s;
$I$——电流量,A;
$Q$——井产量(或注入量),m³;
$(R)_m$——电解质溶液的电阻,Ω;
$(R_f)_r$——地层流体的渗流阻力,Pa/m³;
$\Delta U$——电位差,V;
$\Delta p$——压力差,V。

式(2-11)为模型必须满足的相似准则,其中有两个参数可以自由确定,第三个参数必须由相似准则导出。由于电流可以瞬间达到稳定,因而本实验中的电模拟过程为实际地层的单相稳定渗流过程。

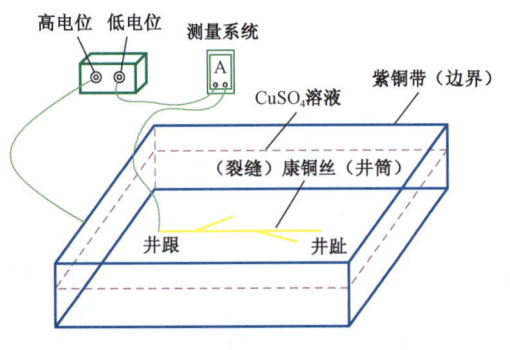

图 2-1 电模拟实验装置组成图

2. 实验装置及方法

(1)井筒流动模拟实验。

实验中采用方形电解槽来模拟块状油藏,电解槽内壁设置一层紫铜带模拟供给边界,用硫酸铜溶液来模拟地层流体(液面深度模拟地层厚度),康铜丝、各种阻值的电阻丝模拟井筒(图2-1)。实验模型参数:电压为0~10V,电解槽尺寸 116cm×116cm×20cm,井筒半径为 0.02~0.1cm。

具体的实验过程如下:

① 分支井模型的准备,将直径分别为 2.6mm、3mm 和 4mm 的铜棒焊接成各种分支井的形状,如图 2-2 所示。

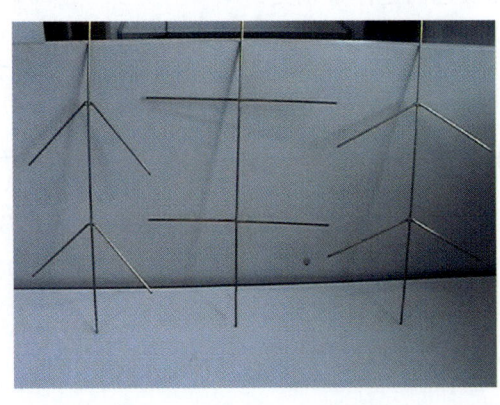
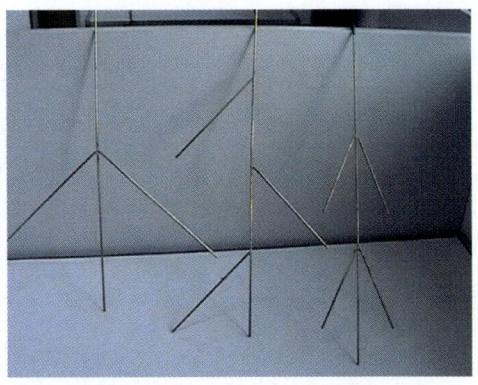

图 2-2 鱼骨状分支水平井模型

② 导电介质和供液边界准备。实验中分别采用了清水和 NaCl 溶液作导电介质,供液边界采用半径为 740mm 的圆形薄铜板。

③ 将分支井模型放入介质中,并在供给边界和分支井模型之间加交流电压。

④ 测量通过分支井的电流。

⑤ 移动探针,测量分支井周围的等压线。
⑥ 通过相似系数将模拟结果转化为地层条件下压力与产量之间的关系。

水电实验装置可以模拟不同鱼骨状分支水平井井形参数变化对近井压力场的影响,进而确定出影响鱼骨状分支水平井产能的主要因素和其对产能的影响规律。

在鱼骨状分支水平井产能实验研究中,根据现场实际应用情况,初步确定鱼骨状分支水平井的尺寸为:水平段长度为300m,分支长度为100m。按照相似准则,将油层参数代入相应的相似系数计算式,得到模型参数:溶液高度为6.1cm,电导率为580μS/cm,水平井段长度为30cm,分支长度为10cm。改变鱼骨状分支水平井的参数,测量不同井形参数情况下的电流量,通过鱼骨状分支水平井电流量与等主井筒长度的水平井的比值,反映其产能变化,通过井筒分段电流测试描述沿程贡献,分析沿程流量剖面。为考虑井筒阻力大小的影响,通过将鱼骨状分支水平井分段,并且对每段设置不同阻值的电阻或采用电阻丝来反映井筒综合压降大小。为考虑不同油藏边界对鱼骨状分支水平井产能的影响,通过在电解槽内壁设置一层紫铜板来模拟供给边界,对于底水边界,通过调节底部紫铜片的大小反映边水能量的强弱。

(2) 近井渗流模拟实验。

基于电模拟实验的近井渗流模拟实验,其主要原理是根据水电相似理论,利用导电介质模拟地层,在介质上施加一定电势差产生的电场来模拟地层中的稳定渗流场。实验采用近井渗流模拟实验装置,该实验装置的主要结构分为4大模块:物理模型模块、供液及回路控制模块、压力流量测量模块、系统主控模块(图2-3)。

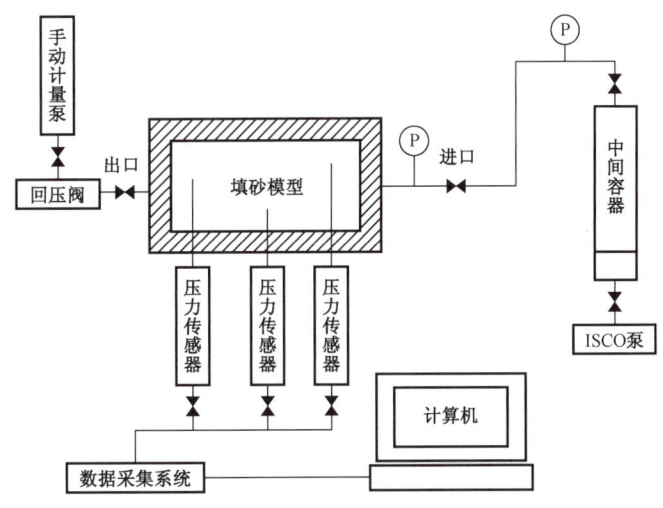

图2-3 近井渗流模拟实验装置示意图

实验装置参数:物理模型内尺寸为400mm×400mm×300mm,物理模型耐压为10MPa,数据采集点个数为49个,7×7均匀分布,传感器精度为0.1%,数据采集板路数为32个。

近井渗流场的模拟主要依靠高精度压力传感器检测压力场,形成不同井型(水平井或鱼骨状分支水平井)及不同井形参数条件下的近井压力场,为鱼骨状分支水平井主分支的干扰分析提供直观的流场分布。

## 二、数学模拟法

应用能够近似反映鱼骨状分支水平井渗流机理的解析、半解析及数值数学模型,通过不同条件下的压力势的分布来模拟和分析近井渗流场特征,是补充和完善物理实验模拟结果的重要技术方法。这里的技术关键是要求所建立或采用的数学模拟能够拟合反映物理模拟的现象和结果,并进而拓展和深化不同条件下渗流特征的规律认识。本书第一章所建立的分段耦合解析模型和离散井筒耦合数值模型都很好地考虑到油藏与井筒之间的流动耦合、井筒内部的变质量流和主分支之间的干扰影响,其近井渗流特征与实验结果相近(图2-4)。因此,在实际的应用过程中,可以充分利用和发挥数学模拟的优势,实现对鱼骨状分支水平井渗流特征的系统化研究。

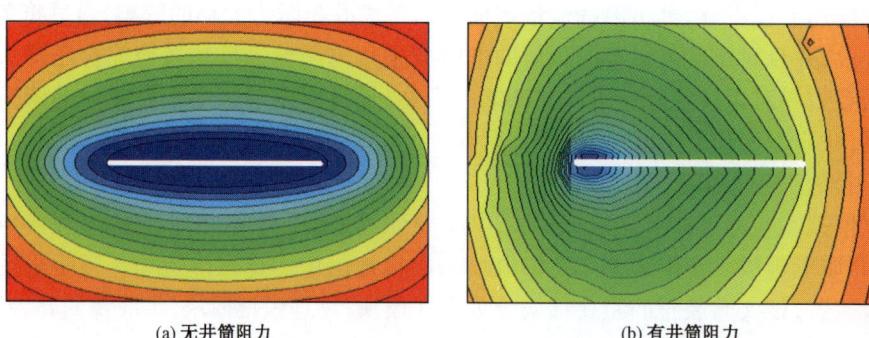

(a) 无井筒阻力　　　　　　　　　(b) 有井筒阻力

图2-4　水平井近井流场(物理实验)

## 第二节　水平井渗流特征

### 一、水平井渗流特征

与直井相比,水平井并没有改变油气渗流的机理,油气藏渗流遵循着与直井同样的渗流方程。但是,水平井增加了与油藏的接触面积,导致储层流体的流入条件发生了变化,并改变了渗流场(近井),比直井、垂直裂缝井复杂得多。水平井在生产时,流体在油藏中呈三维流动流向水平井筒,然后又沿着水平井筒流向水平井筒的跟端,这两个流动过程既相互联系又相互影响。与常规直井不同的是,由于水平井在储层中的生产段长度比直井长得多,因此水平段内部的流动状况对水平井的生产动态会产生一定的影响。

### 二、水平井井筒流动特征

水平井井筒中的流动和常规水平管中的流动有很大不同,一是沿水平井筒趾端到跟端,流体质量流量逐渐增加(变质量流),油藏内渗流与水平井筒内管流相互耦合;二是由于井筒内变质量流的存在使得沿程流速不断增加,必然会产生一个附加的加速度压降;三是水平井井筒内沿井筒方向平行流动的流体受到井筒周围油藏径向流体的干扰,发生流体转向,从而引起主流剖面变形。以胜利埕岛油田高渗透油藏为例,确定模型研究的基本参数(表2-1),应用分段耦合解析模型定量分析水平井井筒流入剖面特征以及水平井井筒流动特征的影响因素。

表2-1　模型基本参数表

| 参数 | 数值 | 参数 | 数值 |
| --- | --- | --- | --- |
| 模型长度,m | 1600 | 油黏度,mPa·s | 100 |
| 模型宽度,m | 1610 | 地层油密度,g/cm³ | 0.963 |
| 模型高度,m | 8 | 井底流压,MPa | 11.5 |
| $x$方向渗透率,mD | 2150 | 井筒相对粗糙度 | 0.0006 |
| $y$方向渗透率,mD | 2150 | 油藏原始压力,MPa | 12.5 |
| $z$方向渗透率,mD | 215 | 孔隙度 | 0.35 |
| 水平段长度,m | 600 | | |

**1. 水平井流入剖面特征**

研究表明,在不考虑井筒压力损失的条件下,井筒沿程压力为常数[图2-5(a)],井筒内的沿程流量分布呈现两端高、中间低的较规则的U形分布特征[图2-5(b)]。若考虑井筒压降的影响,则从水平井井筒的趾端到跟端,压力逐渐降低[图2-5(c)],井筒沿程流量总体上也呈现两端高、中间低的分布特征,但跟端明显比趾端流量大,这主要是由于跟端的生产压差大于趾端生产压差的缘故[图2-5(d)]。

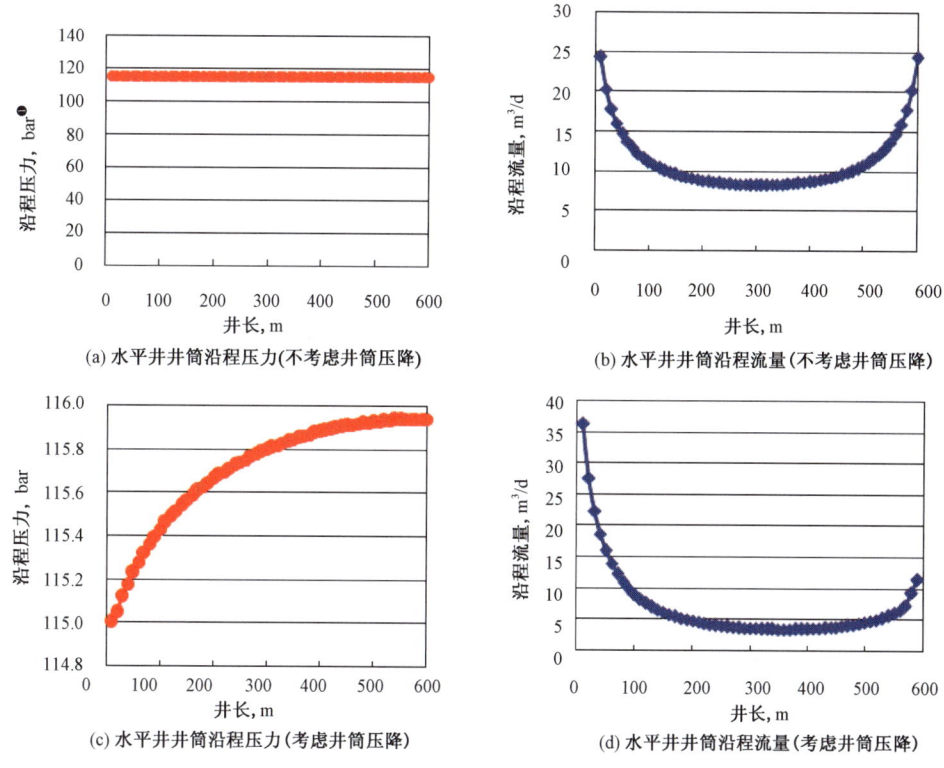

(a) 水平井井筒沿程压力(不考虑井筒压降)

(b) 水平井井筒沿程流量(不考虑井筒压降)

(c) 水平井井筒沿程压力(考虑井筒压降)

(d) 水平井井筒沿程流量(考虑井筒压降)

图2-5　水平井流入剖面

❶ 1 bar = $10^5$ Pa。

2. 水平井井筒流动特征影响因素

(1) 水平段长度的影响。

在相同的井底流压条件下,随着水平井长度的增加,水平井的总生产指数增大,相同生产压差下的产量增大,即水平井井筒内的质量流量增大。根据质量流量与井筒压降的关系,井筒质量流量越大,综合压降越大。因此,水平井长度越长,水平井井筒趾端和跟端的压差越大,相同跟端压力(井底流压)下的水平井趾端压力也越高(图2-6)。

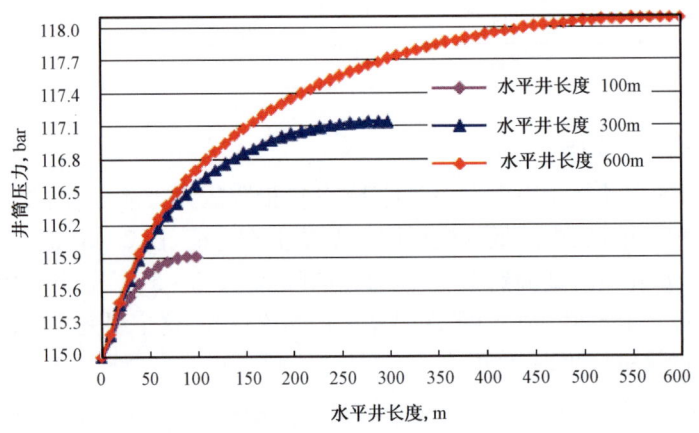

图2-6　不同水平段长度下水平井生产段沿程压力分布图

由于长水平井趾端压力及沿程井筒压力均高于短水平井,在相同的油藏及边界压力条件下,其沿程的流量及趾端流量也应低于短水平井(图2-7)。

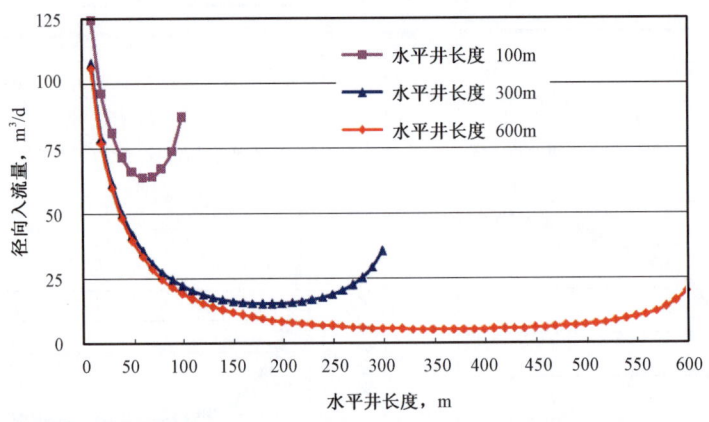

图2-7　不同水平段长度下水平井生产段沿程流量分布图

(2) 储层渗透率的影响。

随着储层渗透率的增大,相同条件下的水平井产量增加,导致水平井井筒中的井筒压降增大,即水平井趾端和跟端的压差增大,相同跟端压力(井底流压)下的水平井趾端压力越高(图2-8)。

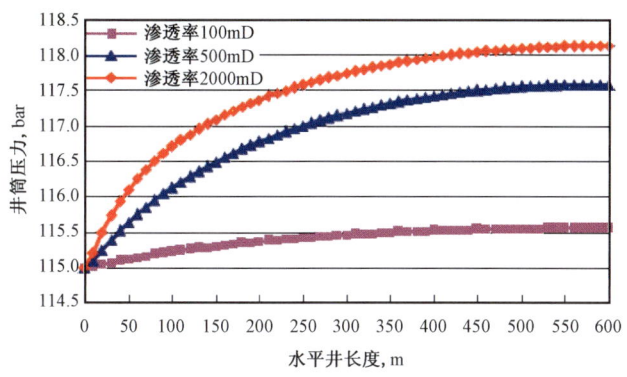

图 2-8　不同地层渗透率下水平井生产段沿程压力分布图

与水平井长度的影响机理不同,在相同的边界压力及井长条件下,随着储层渗透率的增加,水平井的单位长度生产指数及总生产指数均增大。因此,储层渗透率越高,相同水平井跟端压力下的跟端径向流量越大;沿程不同部位的流体流入量受单位长度生产指数大小和沿程压力剖面的双重影响,总体变化趋势是随着距离井跟距离的增大,不同储层渗透率下的沿程流量差异逐渐减小(图 2-9)。

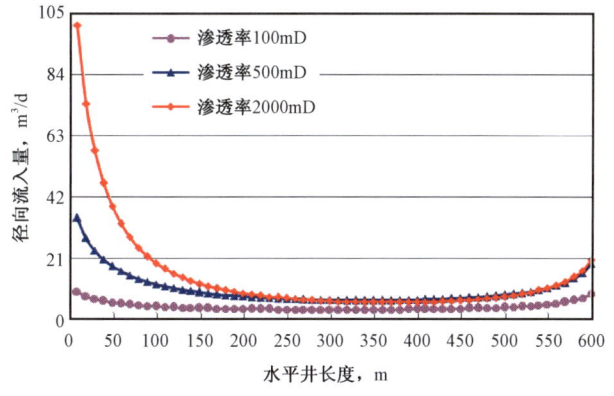

图 2-9　不同地层渗透率下水平井生产段沿程流量分布图

(3)油层厚度的影响。

油层厚度对井筒中压力分布和产量的影响与储层渗透率相似,油层厚度的变化会引起水平井单位长度生产指数及总生产指数的变化,并最终影响水平井产能大小。随着油层厚度的增加,水平井筒内的压力增加,沿水平段的径向流入量也增加(图 2-10、图 2-11)。

(4)原油黏度的影响。

原油黏度对水平井井筒流动特征的影响机理和规律与油层厚度相似。随着原油黏度降低,水平井井筒内的压力逐渐增大,而且水平井生产段的径向流入量随黏度的降低明显增大(图 2-12、图 2-13)。

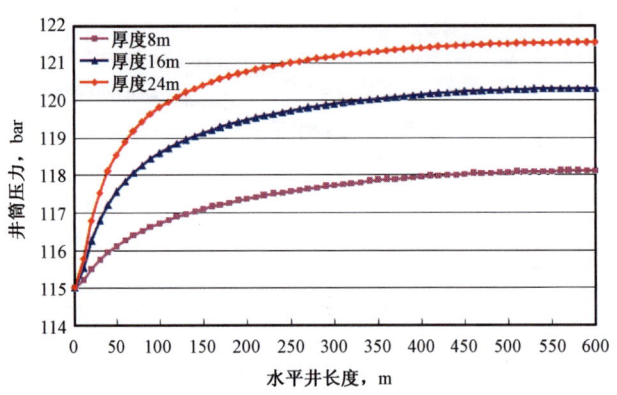

图2-10　不同油层厚度下水平井生产段沿程压力分布图

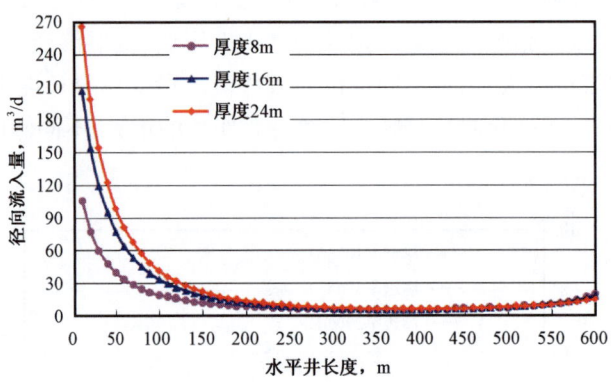

图2-11　不同油层厚度下水平井生产段沿程流量分布图

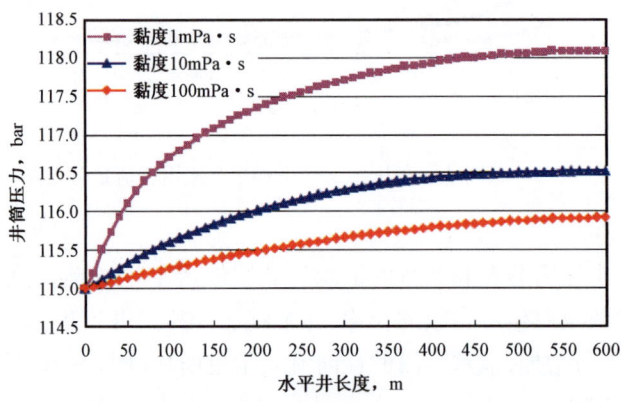

图2-12　不同原油黏度下水平井生产段沿程压力分布图

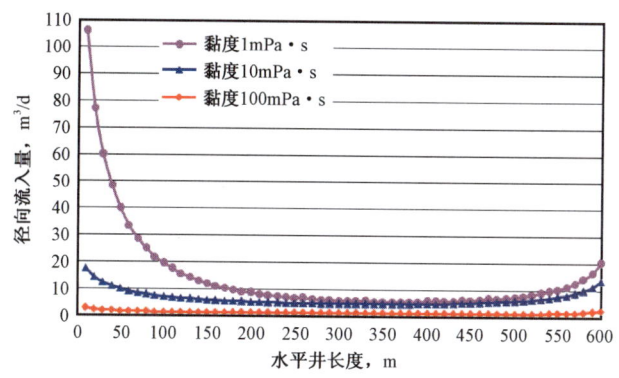

图 2-13　不同原油黏度下水平井生产段沿程流量分布图

### 三、水平井近井渗流特征

1. 考虑井筒压降的水平井近井渗流特征

早期研究认为,水平井的泄油体是以水平井两端点为焦点的椭圆体[图2-14(a)],这种认识的前提是基于沿水平井段井筒压力为常数的假设。通过多段井耦合数值模型计算分析表明,当水平段长度较长,产量较大时井筒压降不可忽略,假设条件不再成立。由于井筒流动与油藏渗流的相互影响,在充分考虑井筒压降情况下,水平井近井流场发生明显变化。图2-14(b)中水平井的左端均为井的跟部,右端为井的趾部。可以看出,由于考虑井筒压降,水平井跟端的压力值明显低于井趾端;在靠近水平井的趾端,等压线与水平井筒斜交,水平井近井压力分布不再是规则的椭圆状,而呈现出"梨形"的特征。

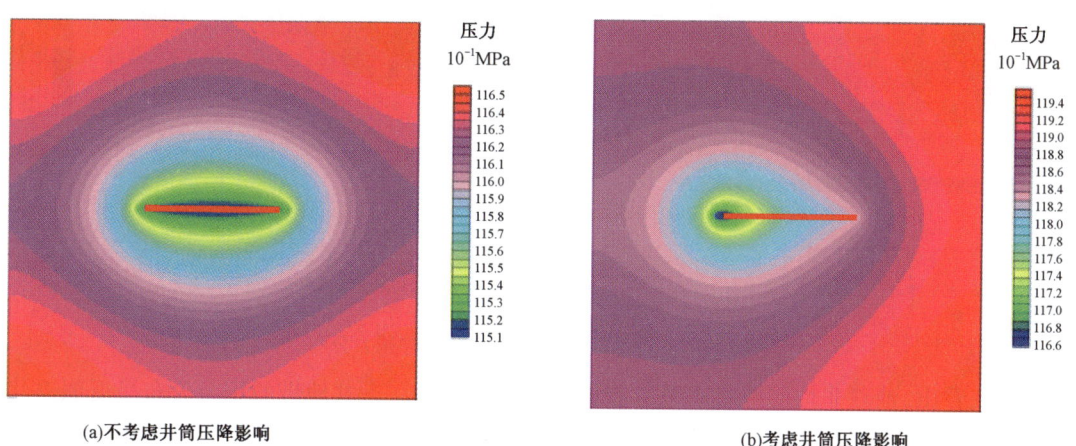

(a)不考虑井筒压降影响　　　　　　　　(b)考虑井筒压降影响

图 2-14　水平井近井压力场分布

2. 不同储层物性条件下水平井近井渗流特征

(1)非均质条件下的渗流特征。

模型中应用三个不同渗透率条带建立油藏储层渗透率的非均质模型,三条带的渗透率大小分别为500mD、1300mD及2100mD。设计水平井井筒方向分别与渗透率变化方向垂直和平行两种情况[图 2-15(a),图 2-15(c)],两种情况下的水平井近井压力场分布如图 2-15(b)、图 2-15(d)所示。

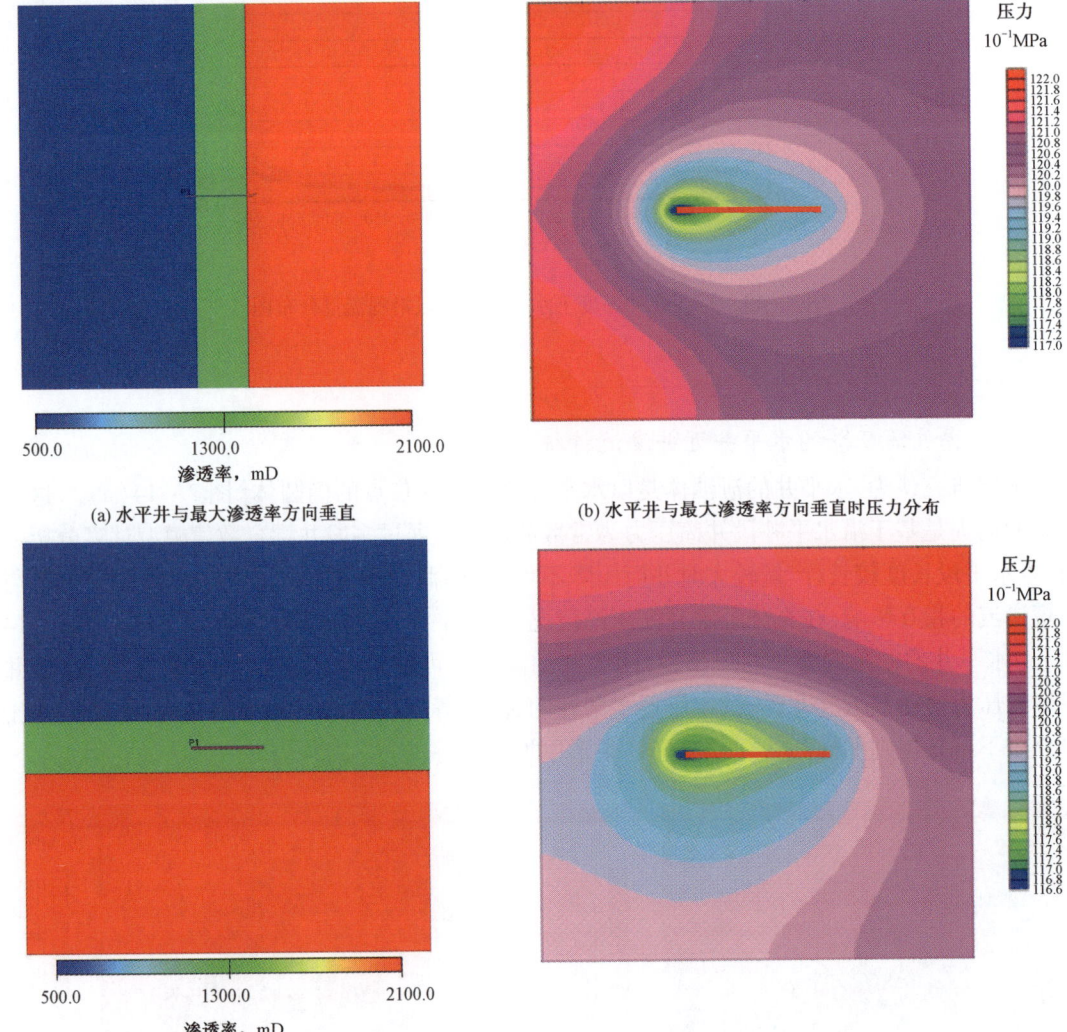

(a) 水平井与最大渗透率方向垂直

(b) 水平井与最大渗透率方向垂直时压力分布

(c) 水平井与最大渗透率方向平行

(d) 水平井与最大渗透率方向平行压力分布

图 2-15 非均质条件下水平井近井压力分布

可以看出,油藏非均质性对水平井流场分布影响较大。近井地带的压力分布呈近似锥状,但锥体的宽度在渗透率大的区域明显变宽。

(2) 各向异性条件下的渗流特征。

模型中考虑两种渗透率各向异性情况,分别为:$K_x = 2150\text{mD}$,$K_y = 1575\text{mD}$,$K_z = 215\text{mD}$ 和 $K_x = 1575\text{mD}$,$K_y = 2150\text{mD}$,$K_z = 215\text{mD}$,其压力分布如图 2-16 和图 2-17 所示。

可以看出,当最大渗透率方向与井的方向垂直时,水平井充分发挥其扩大泄油面积的作用,其近井的锥体状压力场明显变宽,偏向于"短胖型",此时可以获得最大井产能;而当最大渗透率方向与井的方向平行时,近井锥体状压力场偏向于"瘦长型",水平井产能最小。

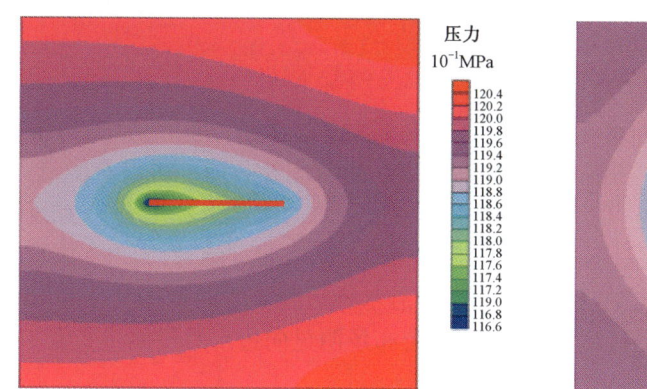 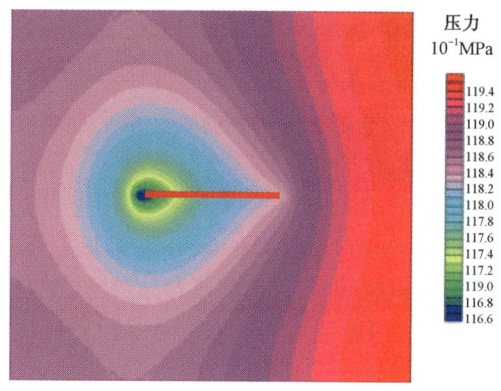

图 2-16 考虑各向异性的压力分布
($K_x = 2150, K_y = 1575, K_z = 215\text{mD}$)

图 2-17 考虑各向异性的压力分布
($K_x = 1575, K_y = 2150, K_z = 215\text{mD}$)

(3) 不同厚度的渗流特征。

模型中考虑 8m 和 16m 两种油层厚度,水平井位于油层上部,其垂直于水平井及平行于水平井剖面压力分布如图 2-18 所示。

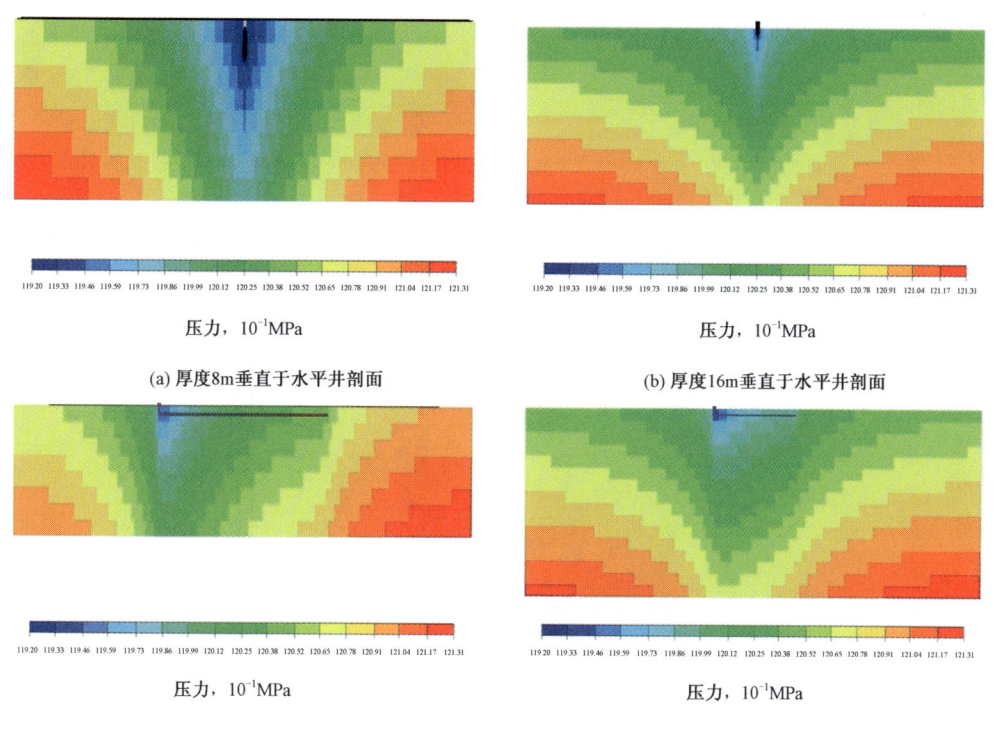

(a) 厚度8m垂直于水平井剖面　　(b) 厚度16m垂直于水平井剖面

(c) 厚度8m平行于水平井剖面　　(d) 厚度16m平行于水平井剖面

图 2-18 不同厚度下水平井压力分布图

可以看出,当储层厚度增大时,近井周围的压力降减小,相同压降下的漏斗宽度变宽,泄油体近似于椭圆形。

3. 不同储层边界条件下水平井近井渗流特征

(1)边水条件下水平井的近井渗流特征。

模型中考虑了三种情况:① 水平井垂直边水,边水靠近跟端;② 水平井垂直边水,边水靠近趾端;③ 水平井平行边水。如图2-19所示,蓝色箭头表示边水驱动方向。可以看出,受边水供给能量的影响,水平井近井及周围的压力场均产生较大变化。在边水压力源作用下,靠近边水附近压力分布近似于直线,等压线密集,远离边水区域等压线稀疏;在近井地带,当边水垂直水平段且靠近跟端时,锥体状压力分布场趋向于"瘦长型",而边水靠近趾端时的锥体状压力分布场趋向于"短胖型";当边水与水平段平行时,锥体状压力分布场明显向边水对侧偏移变宽。

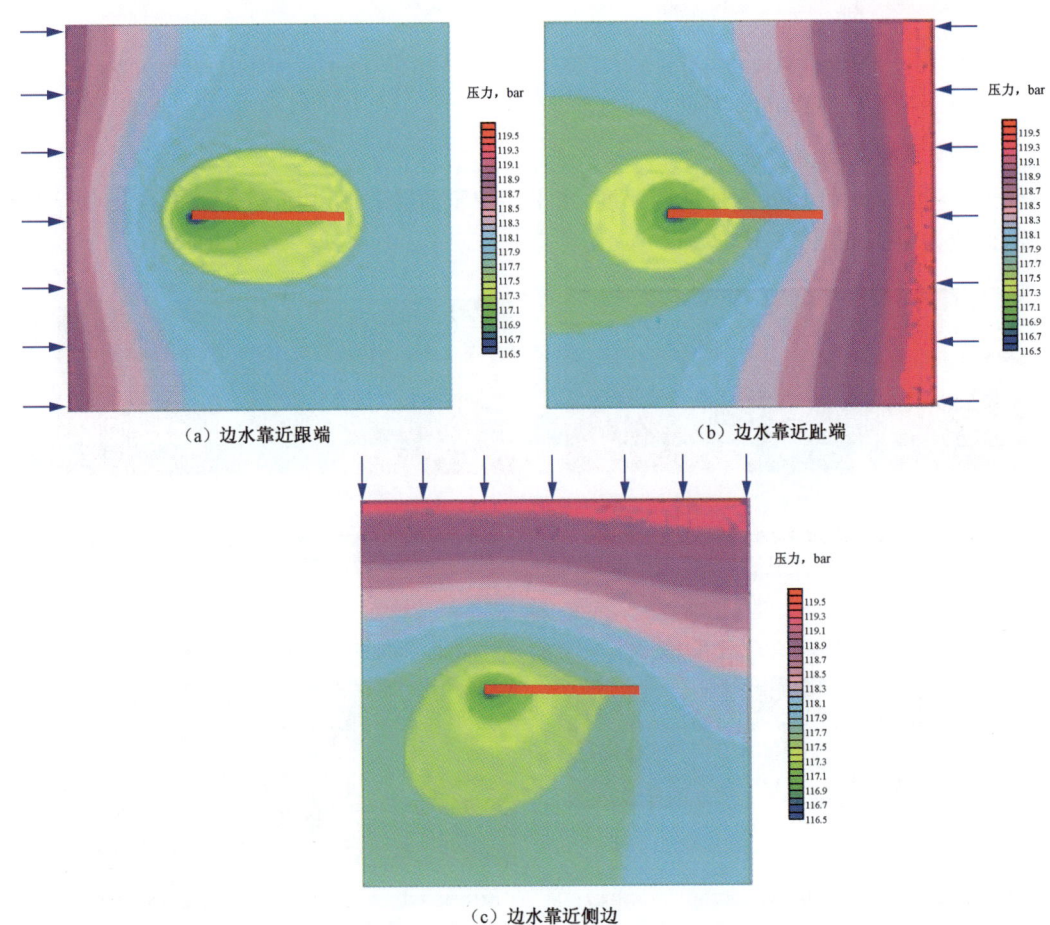

图2-19 不同边水条件下水平井近井压力分布

(2)断层条件下近井渗流特征。

分别考虑断层垂直水平段且靠近跟端、断层垂直水平段且靠近趾端以及断层平行水平段三种情况,如图2-20所示。可以看出,由于断层的遮挡作用,使得水平井的锥体形态不再完整。在封闭断层的影响下,水平井近井锥体状压力场形态变化不大,而断层与水平段平行情况下的水平井外围断层对侧等压线明显变稀。

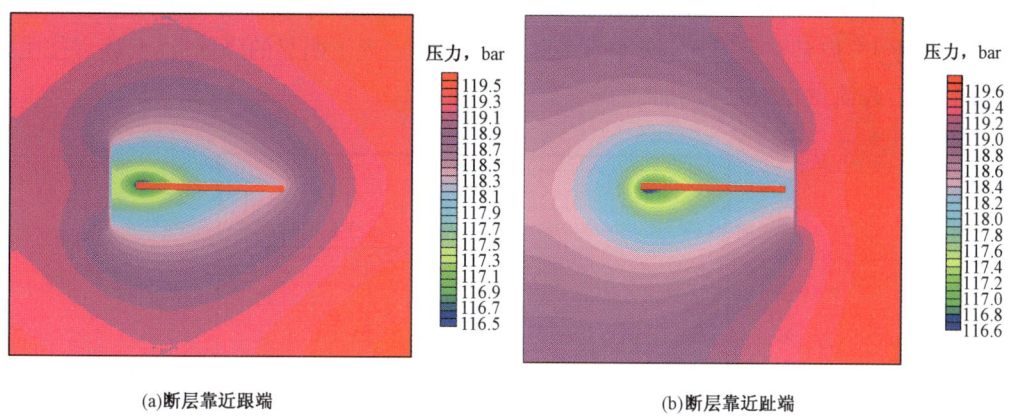

(a)断层靠近跟端　　(b)断层靠近趾端

(c)断层平行水平段

图2-20　不同断层位置水平井近井压力分布

## 第三节　鱼骨状分支水平井渗流特征

### 一、鱼骨状分支水平井井筒流动特征

与常规直井和普通水平井相比,鱼骨状分支水平井井身结构复杂,在原主井筒的基础上旁生出多个分支。由此,在生产过程中,油藏流体向井流流动动态关系要比常规井复杂得多。主要表现在:分支对主支的影响以及分支之间的相互影响。流体流入井筒过程中,分支之间存在流入的相互竞争,在流出状态下又存在合采时的干扰。因此,搞清楚鱼骨状分支水平井的井筒流动特征,将有助于鱼骨状分支水平井的开发设计与应用。

1. 井筒内部流动特征及与水平井的差异

图2-21为水平井及鱼骨状分支水平井一分支沿主井筒流入量曲线对比图。可以看出,受分支生产段的干扰,鱼骨状分支水平井主井筒生产段单位长度的流入量整体要低于水平井;

在远离分支与主支汇流点处,鱼骨状分支水平井主井筒生产段单位长度的流入量沿程分布接近于常规水平井,但是在靠近与分支井眼汇流点的部位出现了明显的降低,以汇流点往主井筒趾端方向的沿程流量也大大低于水平井。

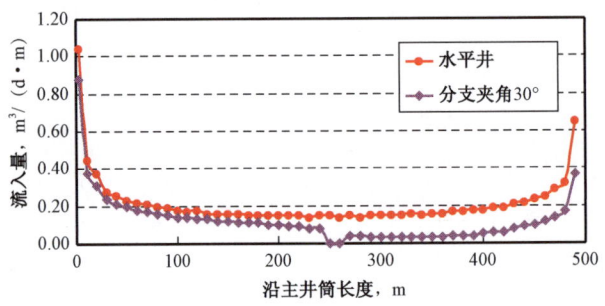

图 2-21 单位长度径向流入量

而对于分支井眼生产段,单位长度的径向流入量分布完全不同于常规水平井(图 2-22)。靠近分支井眼生产段跟端(汇流点)流入量最低,随着距分支跟端距离的增加,分支与主井筒生产段的干扰逐渐变弱,单位长度的径向流入量逐渐增加,在远离分支井眼生产段趾端部位达到最大。也正是有了分支的产量贡献,才使得鱼骨状分支水平井的总产量要高于常规水平井。

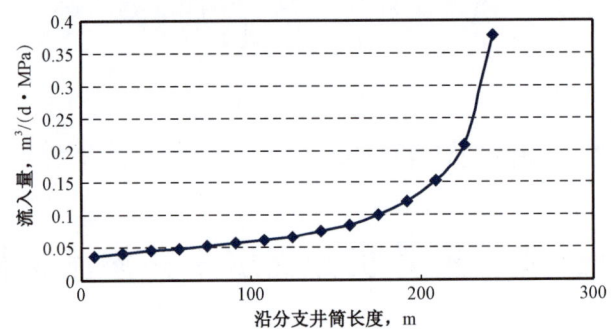

图 2-22 分支单位长度的径向流入量

2. 鱼骨状分支水平井井筒流动特征影响因素

鱼骨状分支水平井与常规水平井井筒流动特征差异主要源于其复杂的井身结构。对于储层物性、油层厚度以及流体性质等油藏参数对鱼骨状分支水平井井筒流动特征的影响,其变化规律与水平井大致相同。因此,本书主要从鱼骨状分支水平井井形参数方面来分析不同参数对鱼骨状分支水平井井筒流动特征的影响。假设主井筒 500m,分别考虑分支对称性、分支点位置、分支同异侧、分支夹角、分支长度及分支个数 6 类井形参数对井筒流动特征的影响。各类参数的取值见表 2-2。

表 2-2  井形参数设计表

| 分支对称性 | 对称,不对称 |
|---|---|
| 分支点位置(距离主支跟端) | 0,125,250,375,500 |
| 分支同异侧 | 分支位于主支异侧,同侧 |
| 分支角度 | 30,45,60 |
| 分支长度 | 50,150,250 |
| 分支个数 | 2,3,4 |

(1)分支对称性。

对于主井筒流入剖面,分支对称分布时,两分支与主支交汇在一点,在交汇点之前的流入剖面曲线随着与主支跟端的距离增大而逐渐降低。在交汇点附近,由于受到分支井筒的严重干扰,主井筒单位长度流入量快速减小,之后随着距离主支跟端的距离增大而逐渐增大;当分支不对称分布时,两分支分别与主支交汇,这样使得主井筒流入剖面曲线具有两个明显的下降点。对于分支井筒的流入剖面,分支对称和分支不对称时,分支沿程的流入剖面规律一致(图 2-23)。

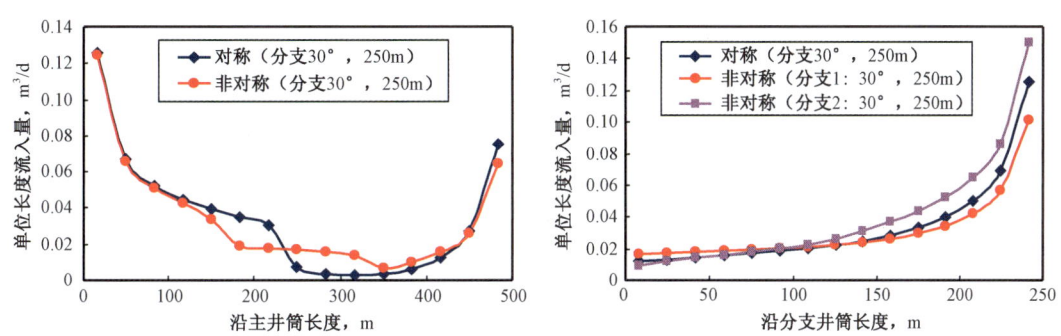

图 2-23  对称与非对称的鱼骨状分支水平井流入剖面对比

(2)分支点位置。

对于主井筒流入剖面,随着分支点位置不断从主支跟端向主支趾端移动,分支对主支的干扰也不断发生变化,流入剖面的最高点逐渐从趾端向跟端发生转变;对于分支井筒流入剖面,随着分支点位置不断从主支跟端向主支趾端移动,分支趾端的流入量越来越大,沿程流入量差异也越来越大。

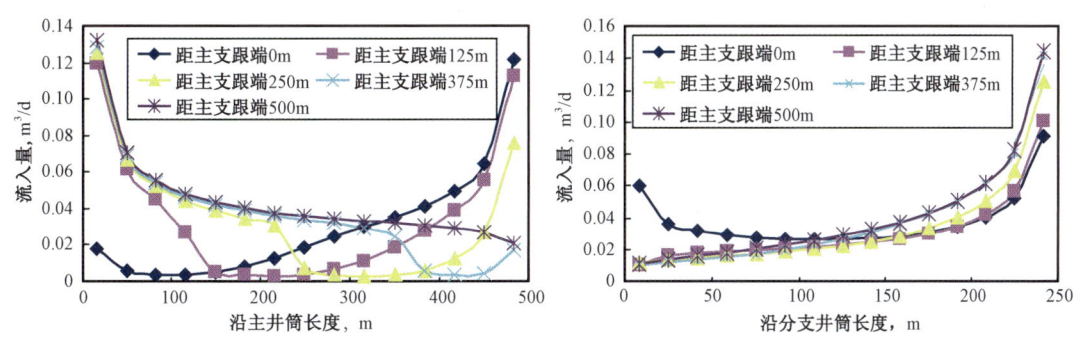

图 2-24  不同分支点位置的鱼骨状分支水平井流入剖面对比

(3)分支同、异侧。

对于主井筒流入剖面,在分支1与主支交汇点之前,分支位于同侧和分支位于异侧两种情况的沿主支流入剖面基本相同,超过交汇点之后,分支位于同侧时,分支相互干扰比分支位于异侧严重,相应的使得分支与主支的相互影响变弱,因此分支位于同侧的沿主支流入量略高于分支位于异侧的情况;对于分支井筒流入剖面,同样的道理是在分支位于同侧时,分支的沿程流入量均小于分支位于异侧。

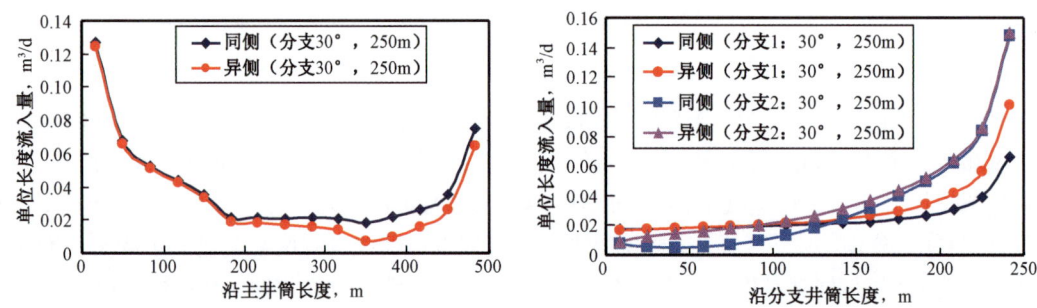

图2-25 分支同、异侧的鱼骨状分支水平井流入剖面对比

(4)分支角度。

对于主井筒流入剖面,在分支1与主支交汇点之前,随着分支角度的增大分支逐渐接近主支,对主支的干扰逐渐加大,主支流入量逐渐降低;在两个分支交汇点中间的区域,分支角度增大,分支1逐渐远离主支,分支2逐渐接近主支,因此在该区域主支流入量受分支角度变化影响较小;超过分支2与主支的交汇点后,分支角度增大,分支2远离主支,对主支的干扰减小,因此主支流入量逐渐增加;对于分支井筒流入剖面,以分支1为例,可以看出,随着分支角度的增大,受主支的影响逐渐减弱,分支的沿程流入量逐渐增大。

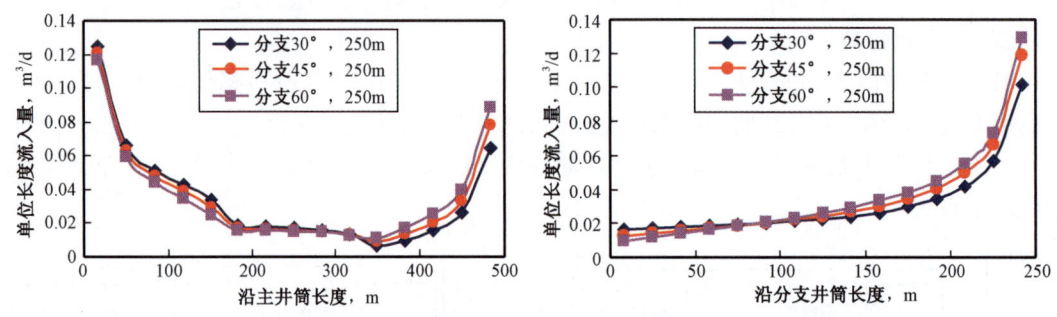

图2-26 不同分支角度的鱼骨状分支水平井流入剖面对比

(5)分支长度。

对于主井筒流入剖面,在分支井筒长度从50m增加到250m的过程中,在分支1与主支交汇点之前的流入剖面曲线变化不大,在交汇点之后,由于受到分支井筒的严重干扰,主井筒单位长度流入量不断减小,流入剖面曲线明显下移,主井筒产能下降;对于分支井筒流入剖面,以分支1为例,可以看出,随着分支长度的增加,分支的沿程流入剖面变化规律相对一致。

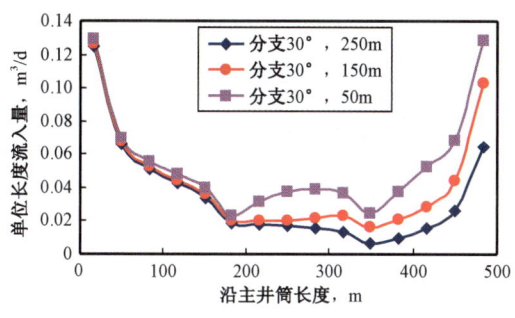 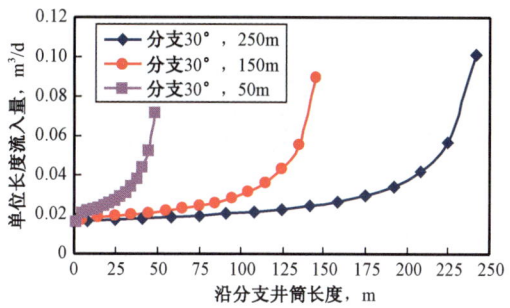

图 2-27　不同分支长度的鱼骨状分支水平井流入剖面对比

(6)分支个数。

对于主井筒流入剖面,在从 2 分支增加到 4 分支的过程中,由于受到分支井筒的严重干扰,主井筒单位长度流入量不断减小,流入剖面曲线明显下移,主井筒产能下降;对于分支井筒流入剖面,以分支 1 为例,可以看出,分支沿程流入剖面变化规律没有随着分支数的增加而发生变化,但流入剖面总的来说呈下降趋势,其中由 2 分支增加到 3 分支,下降明显,由 3 分支增加至 4 分支,下降幅度较小。

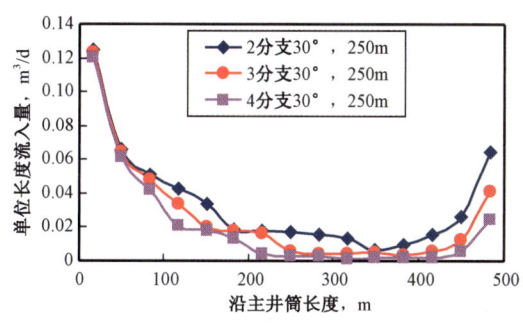 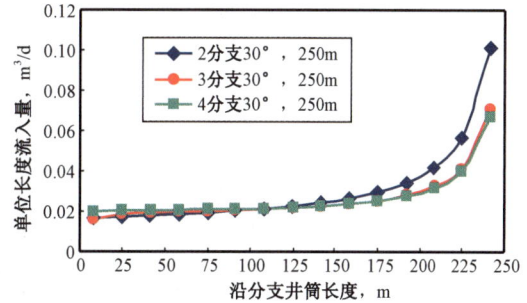

图 2-28　不同分支个数的鱼骨状分支水平井流入剖面对比

## 二、鱼骨状分支水平井近井渗流特征

### 1. 近井渗流特征及与水平井的差异

利用电模拟试验分别研究水平井及鱼骨状分支水平井的等压线分布,从图 2-29 可以看出,由于分支的存在,使得鱼骨状分支水平井的等压线分布特征化。鱼骨状分支水平井的外围等压线呈现短轴加长(相对水平井)的椭圆形分布,扩大了压力波及范围,增加了压力梯度。另外,受分支干扰的影响,导致等压线趋向于与井筒斜交或垂直,流线斜交或平行流入井筒,流线密度变稀。干扰特征的总体规律是:等压线在主分支夹角区域向交汇点处弯曲凸近,受分支位置、主分支夹角大小及分支数目、井筒阻力的影响,靠近主支趾端、分支外端点、分支夹角内侧的等压线凸近井筒程度越弱,等压线斜交角度越大。

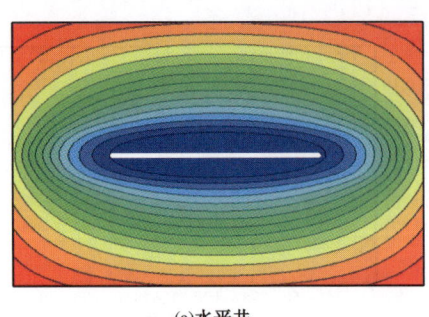
(a)水平井

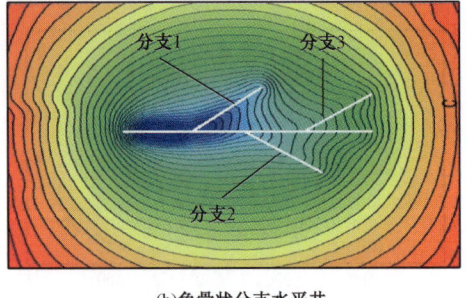
(b)鱼骨状分支水平井

图2-29 水平井与鱼骨状分支水平井等压线对比图

2. 不同井形下的渗流特征

(1)分支条件下的渗流特征。

考虑二分支的鱼骨状分支水平井,其中主支长度为500m,分支角度为30°,分支长度为250m,压力场如图2-30所示。由于分支的存在,使得近井地带的等压线分布呈现为一种倾斜的近似三角形,改变了泄油面积大小和形状,同时增加了分支间干扰,在分支与主支夹角的区域内,等压线凹向交汇点,且与井筒斜交或垂直。

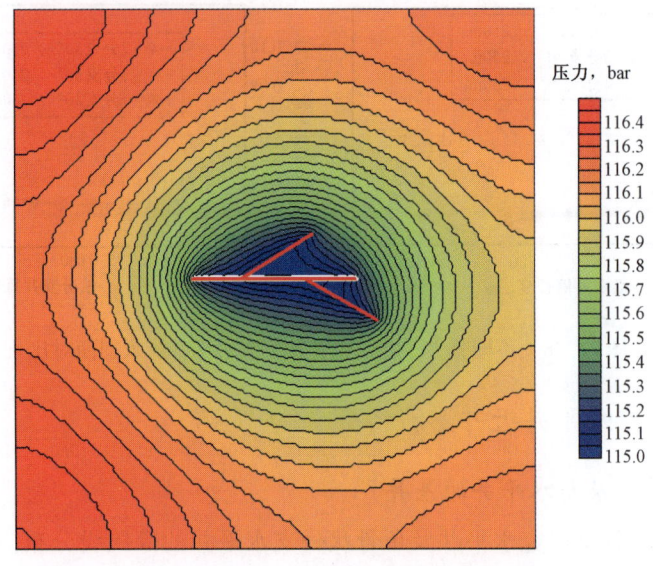

图2-30 二分支的鱼骨状分支水平井压力场

(2)不同分支展布参数下的渗流特征

① 分支对称性。当分支对称分布于主支的两侧时,远井地带的等压线分布基本为椭圆状,越靠近近井地带,等压线的密度越稀疏,且等压线分布形态越呈现"瓜子状",泄油面积减小,在分支与主支夹角的区域内,等压线凹向交汇点,与井筒斜交或垂直程度加强,如图2-31所示。

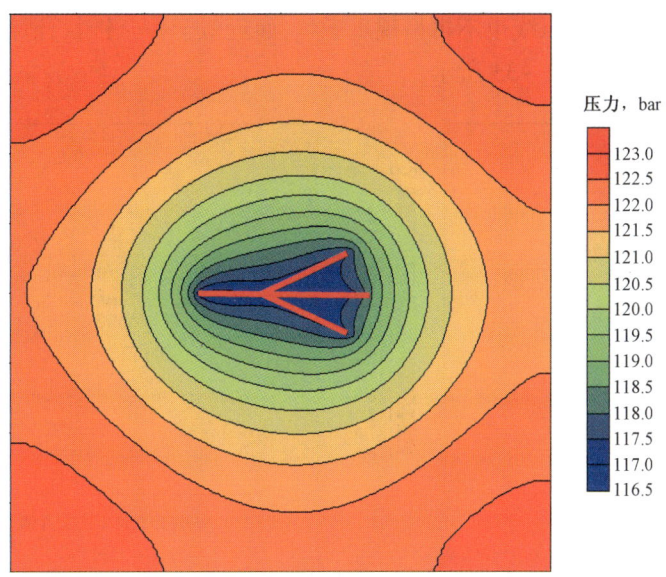

图 2-31　二对称分支的鱼骨状分支水平井压力场分布

② 分支点位置。分别考虑主支长度为 500m，分支点位于距主支井跟端 0m、125m、250m、375m 和 500m 五种分支点位置的压力场分布，如图 2-32 所示。随着分支点位置由跟端向趾端移动，近井地带的等压线逐渐由一个跟端圆、趾端尖的"瓜子状"，变成跟端尖、趾端圆的"瓜子状"，最后变成一个椭圆状，泄油面积逐渐增大，干扰特征逐渐减弱。

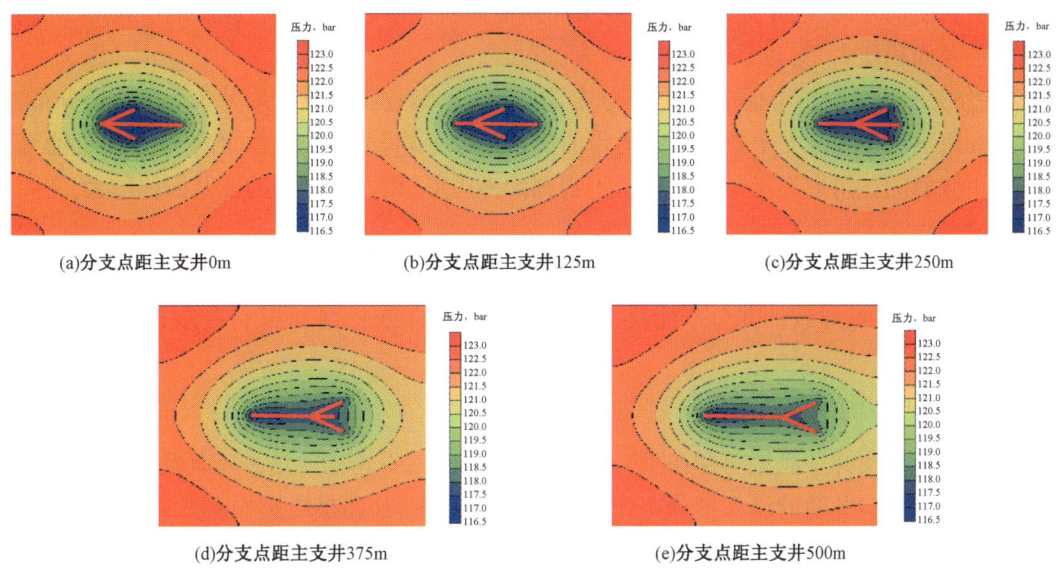

图 2-32　不同分支点位置的鱼骨状分支水平井压力场分布对比

③ 分支同、异侧。与分支位于异侧相比,当分支位于同侧时,等压线分布向分支所在的方向一侧倾斜,近井地带的等压线也不再呈现瓜子状,而近似于一个锥状,泄油面积减小,两分支之间的干扰现象加强,如图 2-33 所示。

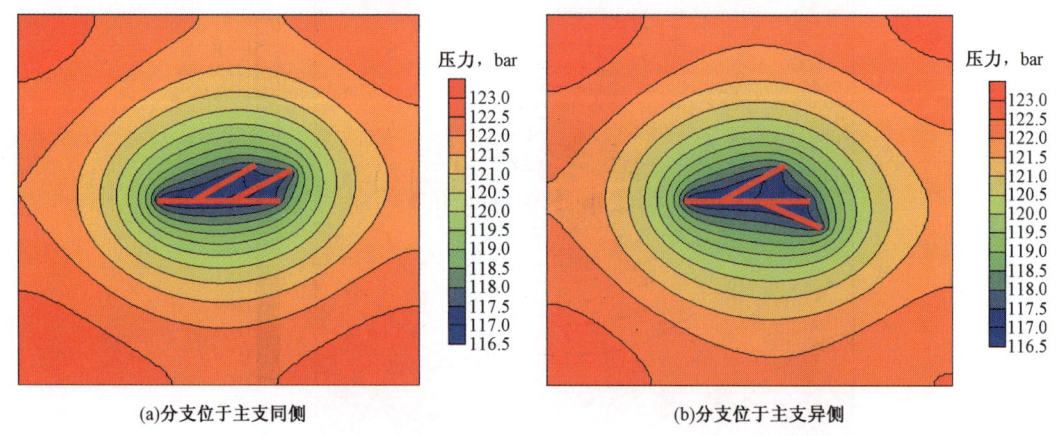

(a)分支位于主支同侧　　　　　　　　　(b)分支位于主支异侧

图 2-33　鱼骨状分支水平井分支同、异侧压力场分布对比

(3)不同分支形态参数下的渗流特征。

① 分支角度。分别考虑分支角度为 30°、45° 及 60° 三种压力场分布,如图 2-34 所示。随着角度的增大,近井地带的等压线分布由倾斜的三角形逐渐过渡成一个梯形,相同压力下的波及面积增大,分支与主支之间的干扰特征逐渐减弱。

② 分支长度。分别考虑分支长度为 50m、150m 及 250m 三种压力场分布,如图 2-35 所示。随着长度的增加,近井地带的等压线分布由椭圆状逐渐过渡成一个倾斜的三角形,相同压力下的波及面积增大,支间干扰也随之增大。

③ 分支个数。分别考虑 2 分支、3 分支及 4 分支的鱼骨状分支水平井 3 种压力场分布,如图 2-36 所示。增加分支个数对近井地带的影响类似于增加分支角度,均使近井地带的等压线分布由倾斜的三角形逐渐过渡成一个不规则的多边形,相同压力下的波及面积增大,支间干扰也随之增大。

总体而言,分支个数影响近井流场分布,对泄油面积(总产能)和支间干扰(流入剖面)的变化具有双重影响,导致油井总产能及主分支流入剖面的变化,进而影响主分支之间的产能贡献比例。

3. 考虑井筒压降下的渗流特征

水平井和分支井井筒流动存在阻力,导致井筒内压力不均衡。这种不均衡的井筒内压力分布会影响地层向井筒的流入量分布,改变近井流场分布,从而最终影响水平井或分支井的产能。实验通过两组不同电阻条件下的流场监测,反映出不同井筒压降大小对鱼骨状分支水平井压力场分布影响(图 2-37)。可以看出,当井筒阻力较小时,由于流动阻力与生产压差相比较小,每个分支对总产量都有贡献,且靠近跟端的分支贡献程度比靠近趾端的大一些,无论靠近趾端主井筒还是分支井筒,其等压线与井筒趋于斜交。当井筒阻力增大时,由于流动阻力与

第二章 鱼骨状分支水平井渗流机理

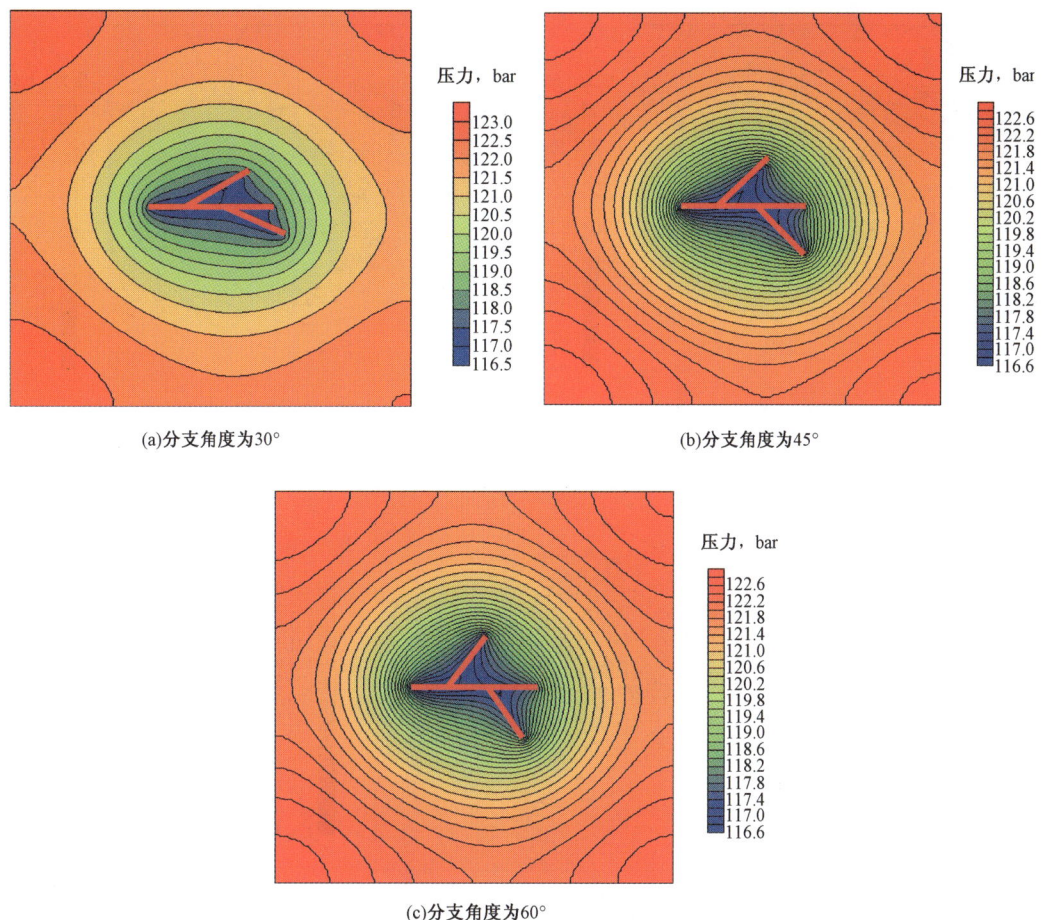

图2-34 不同分支角度的鱼骨状分支水平井压力场分布对比

生产压差接近,导致了靠近趾端的分支基本没有流入,对总产量几乎没有贡献,其靠近趾端主井筒和分支井筒周围等压线与井筒趋于垂直。

4. 不同储层物性条件下的渗流特征

(1)非均质条件下的渗流特征。

主要考虑渗透率的不同,模型中设定3个渗透率值,分别为500mD、1300mD及2100mD,主支的位置分别与最大渗透率区域垂直和平行[图2-38(a)、图3-38(c)]。压力场分布如图2-38(b)、图3-38(d)所示。

结果表明,油藏非均质性对鱼骨状分支水平井流场特征影响较大,由于分支的存在,近井地带的压力分布基本上呈现椭圆状,但椭圆的宽度在渗透率大的区域明显变宽;而外部流场的压力分布差异较大,渗透率高的区域压力变化剧烈。

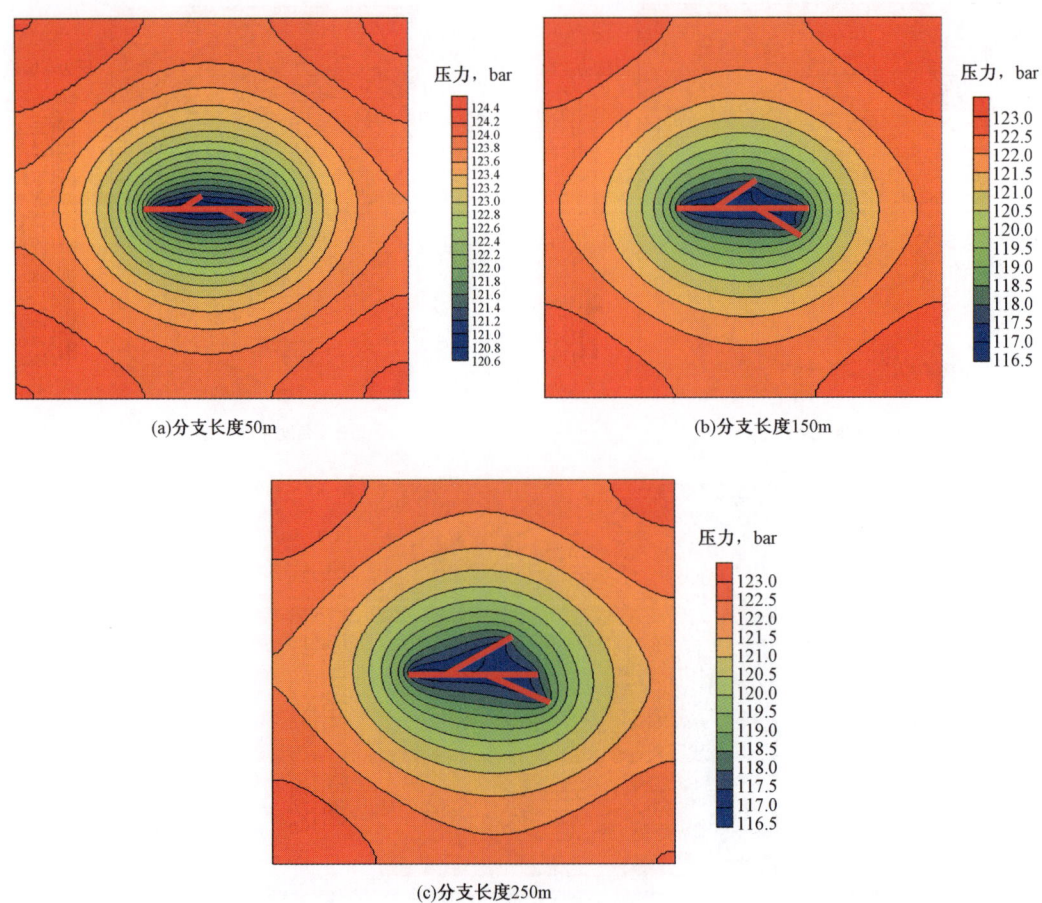

图 2-35 不同分支长度的鱼骨状分支水平井压力场分布对比

(2)各向异性条件下的渗流特征

分别考虑 $K_x = 2150\text{mD}$, $K_y = 1575\text{mD}$, $K_z = 215\text{mD}$ 以及 $K_x = 1575\text{mD}$, $K_y = 2150\text{mD}$, $K_z = 215\text{mD}$ 两种情况,如图 2-39 和图 2-40 所示。

当最大渗透率方向与主支的方向垂直时,分支充分发挥其扩大优势场的作用,因此其近井的流场形状明显偏向于"矮胖型";而当最大渗透率方向与井的方向平行时,近井流场偏向于"瘦长型"。

(3)不同厚度下的渗流特征。

分别考虑 8m 和 16m 两种厚度,其平行主井筒剖面压力场如图 2-41 所示。可以看出,当储层厚度增大时,近井周围的压力降减小,相同压降下的漏斗宽度变宽。

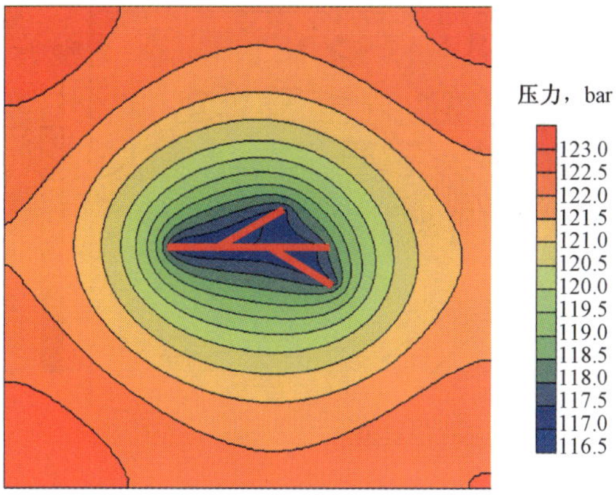

第二章 鱼骨状分支水平井渗流机理

(a)2分支

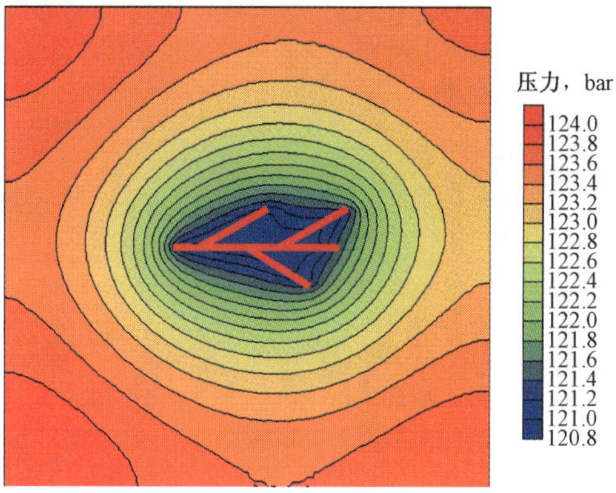

(b)3分支

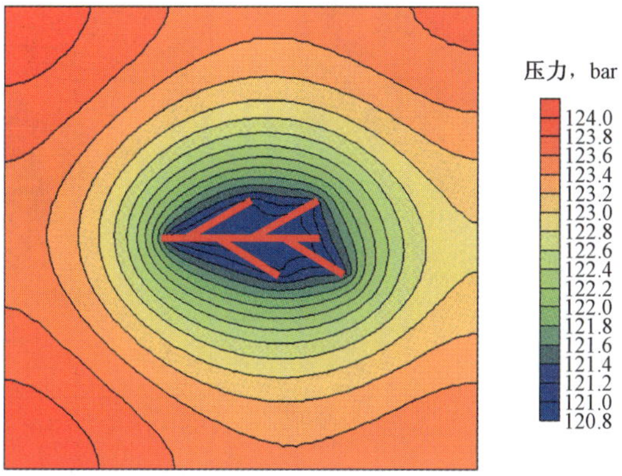

(c)4分支

图2-36 不同分支个数的鱼骨状分支水平井压力场分布对比

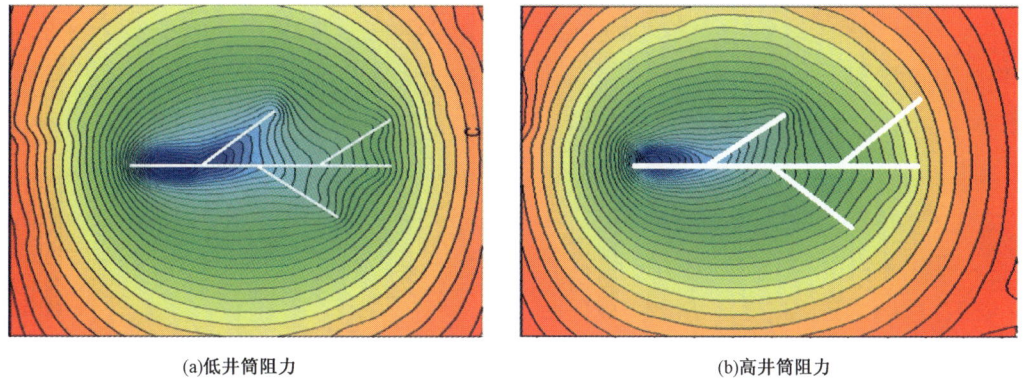

(a)低井筒阻力

(b)高井筒阻力

图2-37 井筒压降大小对鱼骨状分支水平井压力场分布影响

· 57 ·

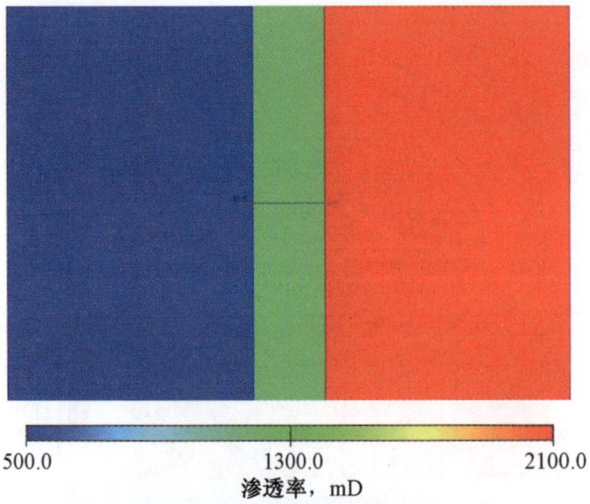

(a)主支与最大渗透率方向垂直

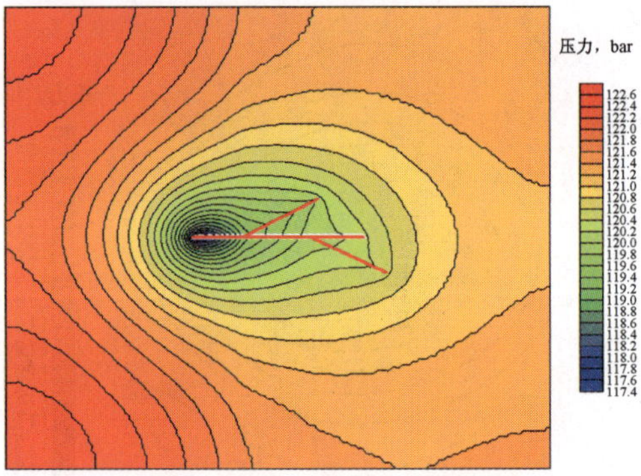

(b)鱼骨状分支水平井与最大渗透率方向垂直时压力分布

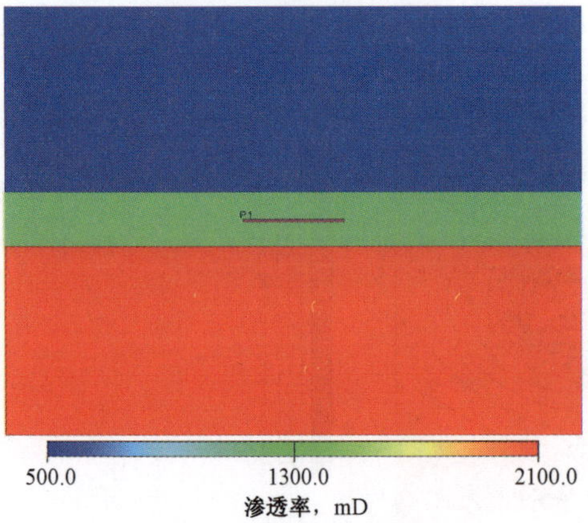

(c)主支与最大渗透率方向平行

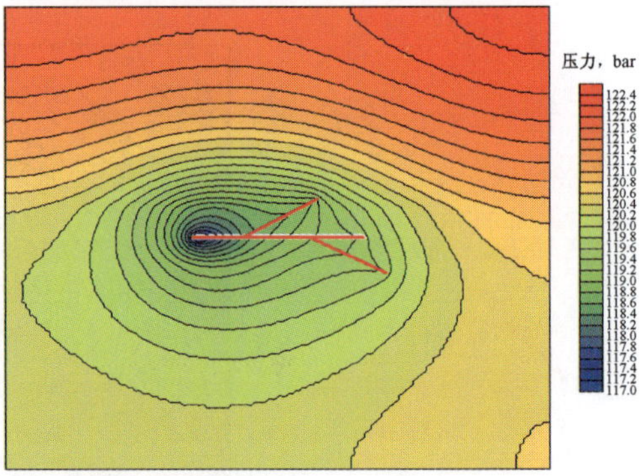

(d)鱼骨状分支水平井与最大渗透率方向平行时压力分布

图 2-38　非均质条件下的鱼骨状分支水平井压力场分布

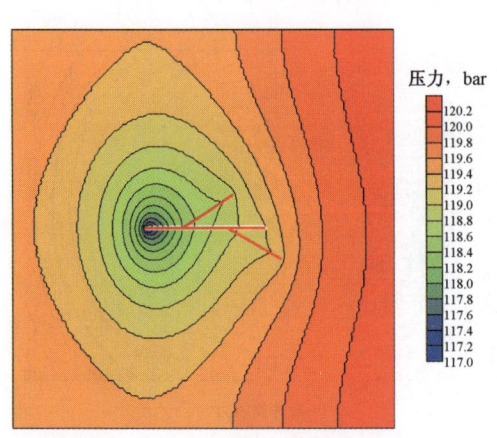

图 2-39　考虑各向异性的鱼骨状
分支水平井压力分布
$K_x = 1575\text{mD}, K_y = 2150\text{mD}, K_z = 215\text{mD}$

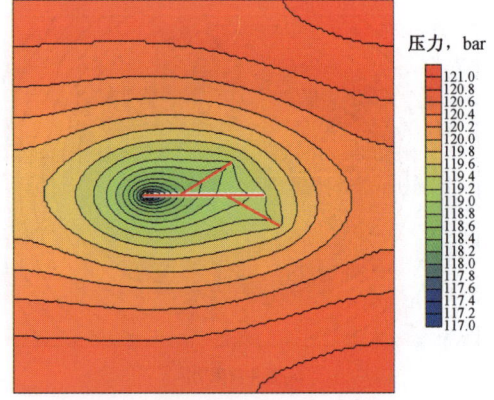

图 2-40　考虑各向异性的鱼骨状
分支水平井压力分布
$K_x = 2150\text{mD}, K_y = 1575\text{mD}, K_z = 215\text{mD}$

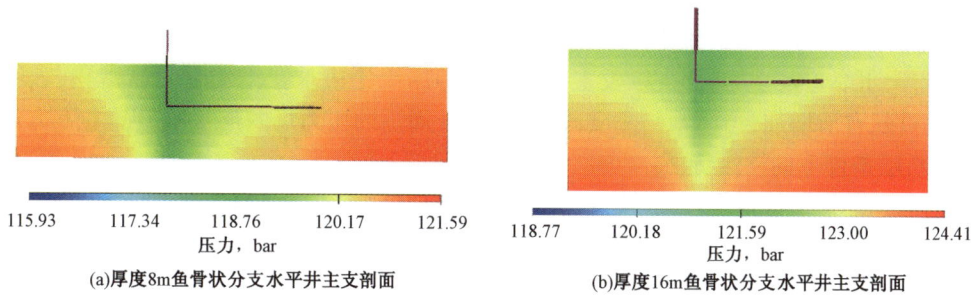

(a) 厚度8m鱼骨状分支水平井主支剖面　　(b) 厚度16m鱼骨状分支水平井主支剖面

图 2-41　不同厚度下鱼骨状分支水平井压力分布图

**5. 不同储层边界条件下的渗流特征**

(1) 边水条件下的渗流特征。

分别考虑边水平行鱼骨状分支水平井主支、边水靠近垂直主支跟端以及边水垂直主支靠近趾端三种情形，如图 2-42 所示。可以看出由于边水的影响，在边水附近压力分布近似于直

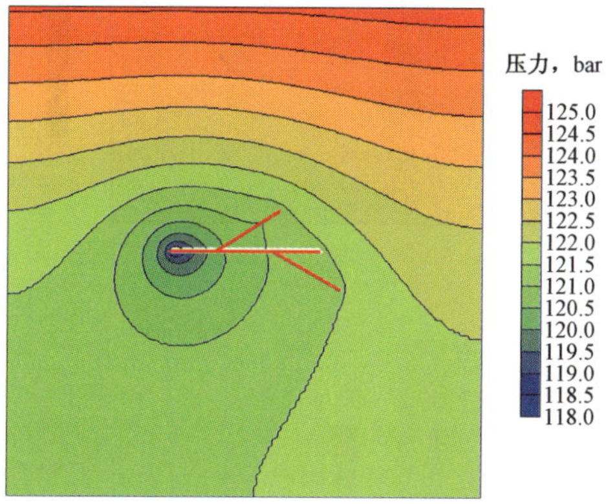

(a) 边水平行主支 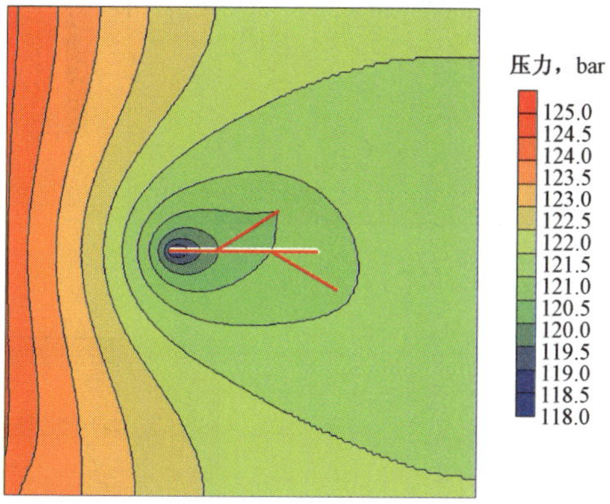　　　　　　　　　(b) 边水垂直主支靠近跟端

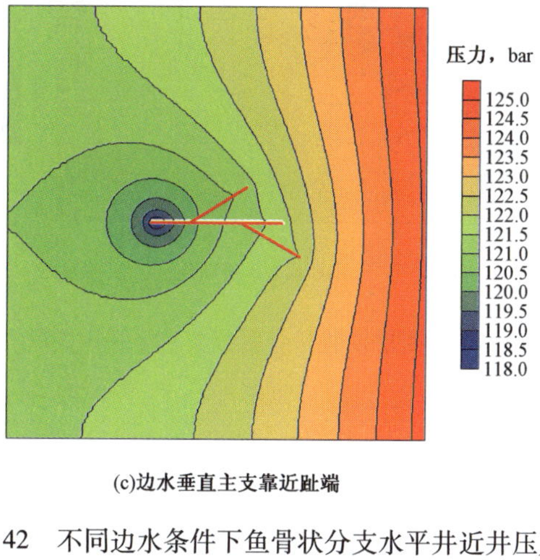

(c) 边水垂直主支靠近趾端

图 2-42　不同边水条件下鱼骨状分支水平井近井压力分布

线,对于近井地带,当边水垂直主支且靠近跟端时,等压线分布明显在跟端较为密集,在主支趾端以及分支等压线分布比较稀疏,流量贡献主要分布在主支跟端,分支以及主支趾端的贡献量较小;而当边水靠近趾端时,分支以及主支趾端的等压线比边水在跟端时明显密集,表明该区域的流量贡献有所增加;当边水与主支段平行时,井周围的压力场的形状明显向左下方偏向。

(2)断层条件下的渗流特征。

分别考虑断层平行主支、垂直主支且靠近跟端以及垂直主支且靠近趾端3种情况,如图2-43所示。由于断层的遮挡作用,使得近井地带的椭圆形态不再完整,且远离主支,靠近断层的一侧等压线明显变稀。

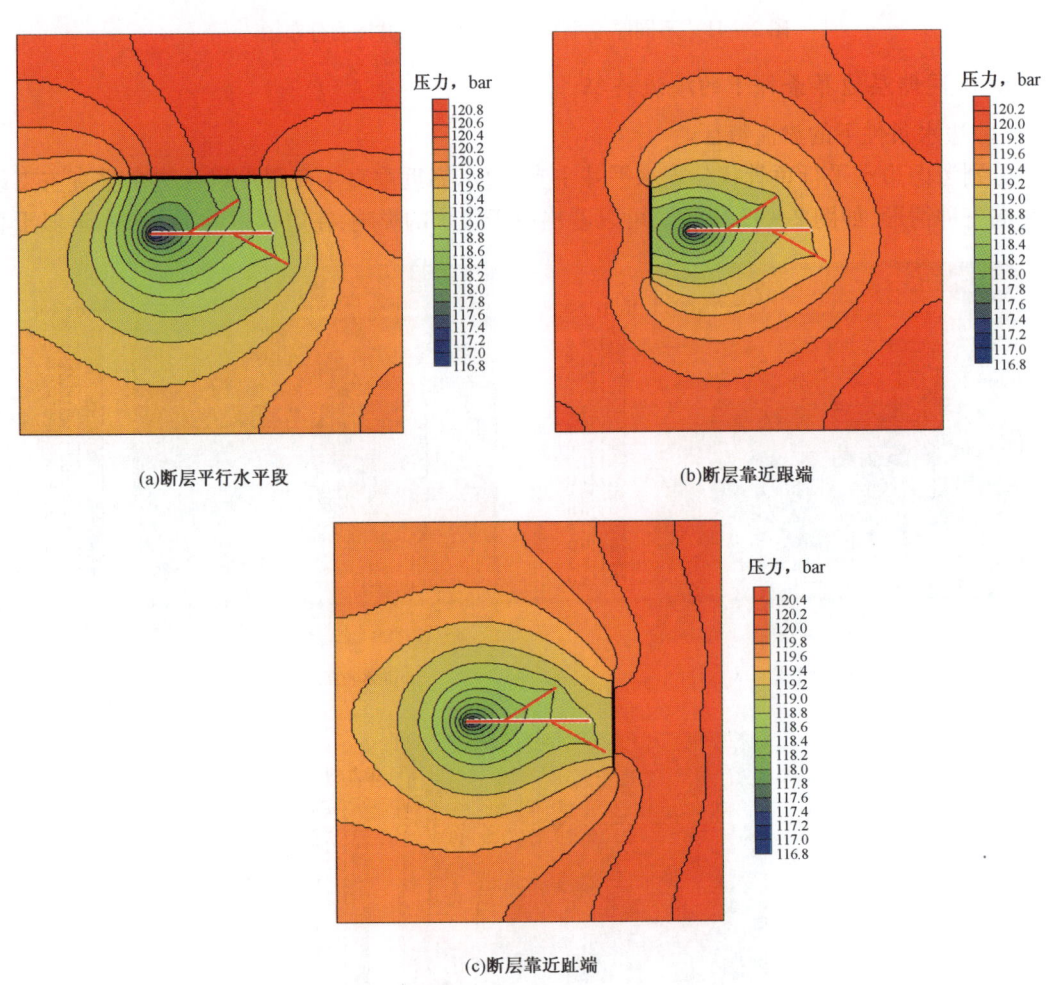

图2-43 不同断层位置鱼骨状分支水平井近井压力分布

# 第三章 鱼骨状分支水平井产能评价

## 第一节 产能预测方法评价

本书绪论详细调研了目前国内外关于鱼骨状分支水平井产能预测方法,基于已掌握的资料,适合鱼骨状分支水平井产能预测的方法和研究成果不是很多,主要有李春兰的等值渗流阻力法,何海峰的节点系统分析法和吴晓东的半解析法。本节在对鱼骨状分支水平井产能分析和研究方面,采用了物理模拟、解析法计算和数值模拟法预测相结合的方式。对于物理模拟方法,受实验条件和测试方法的影响,主要用于因素研究和规律分析。因此,这里主要对比评价第一章建立和形成的分段耦合解析模型法和数值模拟法。根据胜利油田 CB26B – ZP1 井的实际地质、开发参数(表 3 – 1),根据不同的产能公式分别计算,对比已有的等值渗流阻力法和本章所提出的两种产能预测方法的采油指数计算精度(表 3 – 2)。

表 3 – 1 计算参数表

| 参数 | 值 |
| --- | --- |
| 平均地面原油密度,$g/cm^3$ | 0.9407 |
| 地面原油黏度,$mPa·s$ | 129 ~ 536 |
| 平均地面原油黏度,$mPa·s$ | 243 |
| 地下原油密度,$g/cm^3$ | 0.9255 |
| 地下原油黏度,$mPa·s$ | 41.1 |
| 原始地层压力,MPa | 12.2 |
| 饱和压力,MPa | 9.8 |
| 体积系数 | 1.034 |
| 原始气油比,$m^3/t$ | 24.3 |
| 地层温度,℃ | 67 |
| 渗透率,mD | 3500 |
| 厚度 $H$,m | 7.2 |
| 水平段长度 $L$,m | 918 |
| 井筒半径 $r_w$,m | 0.216 |

表 3 – 2 计算误差对比表

| 计算方法 | 产能计算值,$m^3/(MPa·d)$ | 产能测试值,$m^3/(MPa·d)$ | 计算误差,% |
| --- | --- | --- | --- |
| 等值渗流阻力法 | 305.2 | 263 | 16.17 |
| 分段耦合产能预测模型 | 275.0 | 263 | 3.80 |
| 数值模拟方法 | 259.0 | 263 | – 1.50 |

可以看出,等值渗流阻力法计算误差较大,分段耦合模型及数值模拟方法精度较高,因此利用分段耦合模型计算速度快的特点,可进行大量因素分析与计算的井形优化研究、鱼骨状分支水平井干扰分析和增产机理研究,运用数值模拟方法进行鱼骨状分支水平井多相流的产能预测以及水驱研究。

## 第二节　鱼骨状分支水平井产能影响因素分析

影响鱼骨状分支水平井产能的主要因素可分为3个方面:储层条件、鱼骨状分支水平井井身结构以及实际钻采工艺条件下的设计参数(图3-1)。其中储层条件和实际的钻采工艺技术是客观存在的,是影响鱼骨状分支水平井产能及开发效果的内因;鱼骨状分支水平井井身结构及其在油藏中的位置是影响鱼骨状分支水平井产能及开发效果的外因,体现出油藏工作者对油藏开发状况的认识程度和设计水平。鱼骨状分支水平井井身结构和在储层中的位置必须与储层条件及工艺水平相适应,才能取得较好的开发效果。因此,在鱼骨状分支水平井油藏工程设计中,为了最大程度地发挥鱼骨状分支水平井的增产优势,需要首先确定其适宜的油藏条件,并以此为基础,分析各结构参数和设计参数对产能的影响规律和程度,提出合理的设计原则,为鱼骨状分支水平井设计方案提供科学的指导。

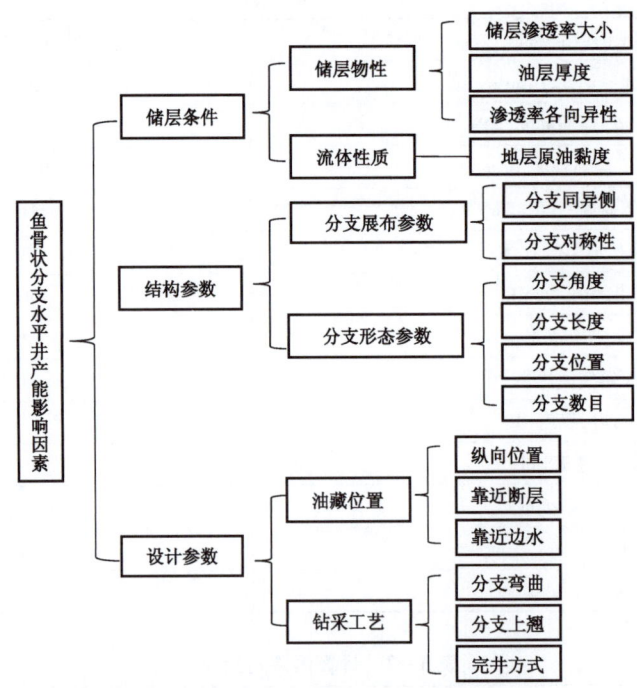

图3-1　鱼骨状分支水平井产能影响因素

## 第三节　鱼骨状分支水平井油藏适应性研究

与水平井一样,分支井技术已应用于多种类型的油藏中,其效益和潜力在生产应用中已越来越显著(表3-3),其适用的储层条件为:

表3-3　多分支井应用范围

| 应用 | 目标 |
| --- | --- |
| (1)多目的层<br>　① 单独油藏<br>　② 独立断块<br>　③ 性质好的砂体 | 通过组合单独开采不经济的目的层来增加储量 |
| (2)有限大小目的层<br>　① 透镜体油层<br>　② 导流性断层分割的区块 | 在有限的空间获得高的产能,尽管这会限制水平井段的长度 |
| (3)泄油模式<br>　① 大量的线性流<br>　② 灵活控制流入点<br>　③ 侧钻随时间调整 | 提高面积波及系数 |
| (4)分层完井<br>　在不同的层获得不同的产能 | 提高垂向波及系数 |
| (5)改善老井效果多分支井侧钻 | 提高产能和储量 |
| (6)结合油藏地质<br>　① 穿过天然裂缝<br>　② 穿过泥岩层 | 提高产能 |
| (7)限制水(气)<br>　① 降低压差,减少锥进<br>　② 远离断层(裂缝) | 降低气(水)处理能力 |
| (8)注水<br>　① 老井新钻<br>　② 老井侧钻 | 增注,提高面积和垂向波及系数 |

(1)小型或隔离区块油层。
(2)阁楼油。
(3)透镜状储层。
(4)高定向渗透性储层。
(5)垂直叠加的单个油层。
(6)需要优化压力控制和提高波及效率的储层。
(7)渗透率不同需要水驱的储层。

(8)有多组天然裂缝的储层。

(9)开采未来增加的储层。

目前所钻的多分支井主要有两种:一种是以某类型分支井为完井目的的新钻井;另一种是从现有井中侧钻多分支井。目前世界各国所钻的多分支井主要有:反向双分支井、叠加式双分支井、同层多分支井、同层多分支井、多侧向分支井和叉状双分支井等多种类型(图3-2)。其井型结构特点,(1)反向双分支井:一个分支井眼下倾,另一个井眼上倾,并且井眼方向相反;(2)叠加双分支井:用于开采两个不同产层或在一个低渗透阻挡层之上和之下采油;(3)同层多分支井:在一个产层中从一个主井眼钻数个分支井眼;(4)多侧向分支井:从处于一个水平面的一个水平井眼钻数个分支井眼;(5)帚状多分支井:从一个水平井眼数个处于同一垂直面的多分支井;(6)叉状双分支井:有两个对称的水平分支井眼,每个井眼方向和真垂直深度相同。鱼骨状分支水平井属于同层多分支井,因此,在其油藏适应性研究方面,以单层为对象,从储层物性大小、非均质性、各向异性、油层厚度及地层流体黏度几方面来开展研究。

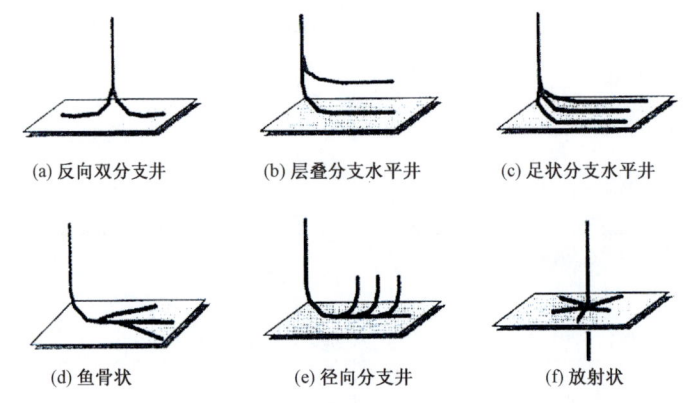

(a) 反向双分支井　　(b) 层叠分支水平井　　(c) 足状分支水平井

(d) 鱼骨状　　(e) 径向分支井　　(f) 放射状

图3-2　分支井结构类型

## 一、储层渗透率及原油黏度

储层渗透率与地层原油黏度是影响油井产能的主要因素。鱼骨状分支水平井的优势在于其增产能力,与直井和水平井相比,该井型可以降低储层条件的应用下限,实现边际油田的有效开发。为此,应用油藏—井筒耦合解析模型,通过对储层渗透率和地层原油黏度的敏感性研究,确定了鱼骨状分支水平井应用的适宜油藏条件。

模型中采用的参数为:鱼骨状分支水平井主支长度为500m,分支个数为2支,分支角度为30°,分支长度为250m,位于主支两侧。油藏半径1200m,厚度8m,生产压差为1MPa。如图3-3所示。

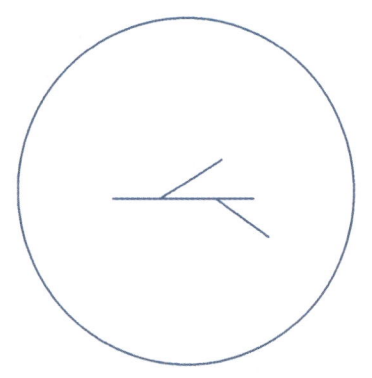

图3-3　油藏—井筒耦合产能计算模型示意图

由于鱼骨状分支水平井在油藏中的渗流符合达西定律,黏度和渗透率这两个参数对产量的影响规律趋于一致,因此产能与流度呈线性关系。但高产区集中在黏度低于30mPa·s并且渗透率高于300mD的区域,其他区域产量基本在100m³/d以下。对于任意井型而言,储层的渗透率与黏度对井产能的影响规律基本一致,所不同的是不同井型其向井流入动态不同,因而影响生产指数的流入动态模型及相关参数内容不同。而储层渗透率和地层原油黏度作为产能预测模型的乘子,在一定的井结构参数和储层厚度条件下,与产能大小呈线性关系。但不同井型的产能与储层渗透率/黏度的增长斜率不同(图3-4),鱼骨状分支水平井明显大于水平井。在一定的经济初产要求条件下,鱼骨状分支水平井的适应范围要大于常规井,显示其开发边际油田的优势。

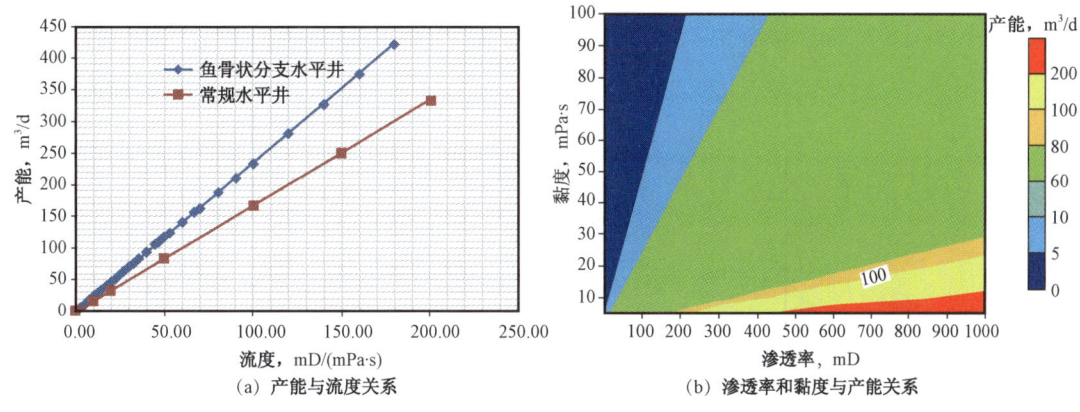

图3-4 鱼骨状分支水平井产能与储层渗透率、黏度关系

## 二、油层厚度

对于水平井而言,受其近井渗流场特征的影响,薄层优势更加明显。鱼骨状分支水平井在水平井主支基础上再次分支,理论上讲其发挥水平渗流能力的优势增强,薄层优势更加明显。为此,应用以上相同的模型(储层渗透率2000mD,地层原油黏度100mPa·s),改变油层厚度,对比3种井型的产能与厚度变化规律,结果如图3-5所示。可以看出,在中等油层厚度(50m)以内,相同厚度下,鱼骨状分支水平井和水平井的产能均远大于直井,且鱼骨状分支水平井高于水平井。

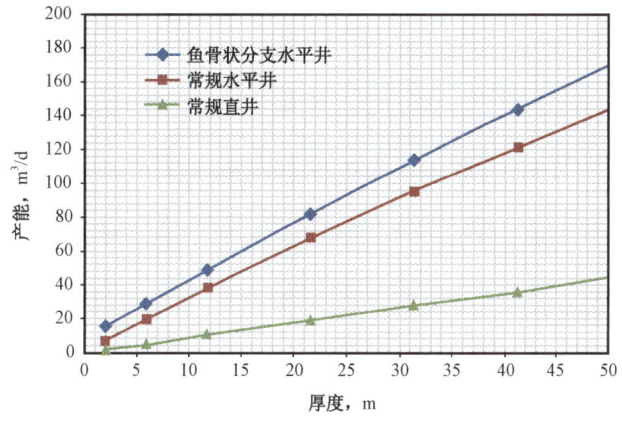

图3-5 不同井型产能与厚度关系曲线

从两种水平井与直井产能比变化曲线来看(图3-6),油层厚度比较薄时,水平井的增产幅度较大。但常规水平井在厚度超过小于5m以内,随着油层厚度的减小,产能比减小;油层厚度大于5m以后,随着油层厚度的增大,产能比减小。由此可见,常规水平井虽然适合于薄层的增产,但受顶底油层边界效应的影响,存在最适宜的油层厚度。而鱼骨状分支水平井由于平面泄油能力的增强,油层临界厚度下限下移,大大扩展了油层厚度的适应范围,薄层增产优势要强于常规水平井。

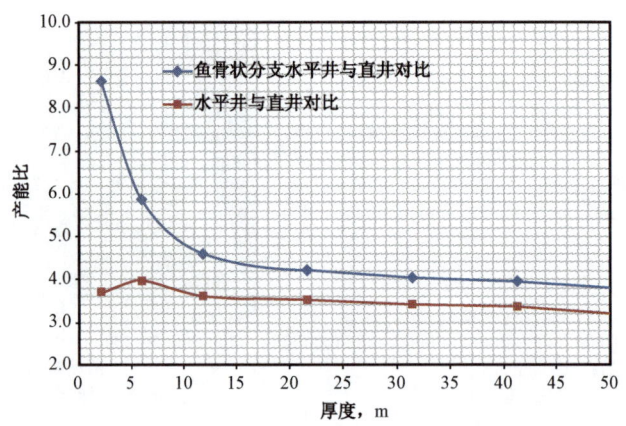

图3-6 水平井与直井产能比—油层厚度关系曲线

从鱼骨状分支水平井与常规水平井产能比变化曲线来看(图3-7),鱼骨状分支水平井的增产倍数高于1.2,油层厚度大于20m以后,随着油层厚度的增大,产能倍数趋于平缓。由此可以认为,鱼骨状分支水平井的最适宜油层厚度不超过20m。

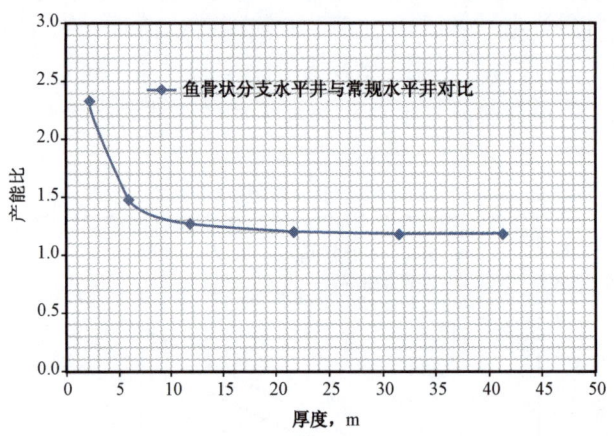

图3-7 鱼骨状分支水平井与常规水平井产能比—油层厚度关系曲线

### 三、渗透率各向异性

由于鱼骨状分支水平井流场特征受渗透率各向异性的影响,因而,研究渗透率各向异性对产能的影响规律,可以很好地认识各向异性油藏的鱼骨状分支水平井的适应性,合理指导开发设计。

为了研究油藏各向异性对鱼骨状分支井产能的影响,选取无限大油藏中一口鱼骨状分支井为研究对象,油藏及流体参数见表3-4,鱼骨状分支井主井筒平行于渗透率 $x$ 方向,并位于油藏的中心位置。

表3-4 油藏流体参数表

| 参数 | 数值 | 参数 | 数值 |
| --- | --- | --- | --- |
| 供给半径,m | 800 | 油层厚度,m | 20 |
| 原油黏度,mPa·s | 2 | 体积系数 | 1.32 |
| 井筒半径,m | 0.1 | 生产压差,MPa | 1 |

**1. 不同结构参数下各向异性对产能影响**

(1)油藏各向异性对不同分支角度鱼骨状分支水平井井产能的影响。

假设鱼骨状分支水平井的分支数目为2分支,主井筒长400m,分支井筒长150m,分别改变 $x$ 方向渗透率(水平面内平行于主井筒方向)、$y$ 方向渗透率(水平面内垂直于主井筒方向)、$z$ 方向渗透率(垂直面内垂直于主井筒方向),不同分支角度的鱼骨状分支井产能变化规律如图3-8所示,其中在变化某一方向渗透率时,其他两个方向渗透率保持30mD不变。

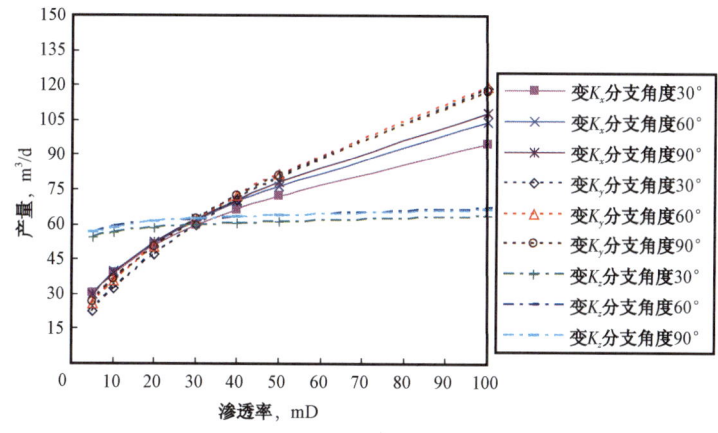

图3-8 不同分支角度的鱼骨状分支水平井产能变化规律

从图3-8中可以看出,随着水平渗透率和垂向渗透率的增大,鱼骨状分支井产能增加,但增加的幅度逐渐减小,其中,增大 $y$ 方向渗透率对鱼骨状分支井的产能影响最为明显。同时,鱼骨状分支井产能随分支角度的增大而增加,增大分支角度带来的增产效果受 $y$ 方向渗透率和 $z$ 方向渗透率变化的影响不大,受 $x$ 方向渗透率变化影响较明显。分析其原因,在分支角度不变的情况下,平面内垂直于主井筒方向的渗透率对主井筒施加的影响最大,产能受其影响也最为明显。在各方向渗透率不变的情况下,随着分支角度的增大,分支井筒垂直于 $x$ 方向的分量增大,导致 $x$ 方向渗透率对分支井筒施加的影响变大,增产明显。类似地,随着分支角度的增大,分支井筒垂直于 $y$ 方向的分量减小,$y$ 方向渗透率对分支井筒施加的影响变小,但同时对主井筒施加的影响变大,两者相互抵消,增产不明显。无论分支角度如何改变,$z$ 方向渗透率对分支井筒和主井筒施加的影响变化不大。

（2）油藏各向异性对不同分支长度鱼骨状分支井产能的影响。

假设鱼骨状分支水平井的分支数目为2分支，主井筒长400m，分别改变$x$方向、$y$方向和$z$方向渗透率，在分支角度为30°和90°情况下，不同分支长度的鱼骨状分支井产能变化规律如图3-9和图3-10所示。

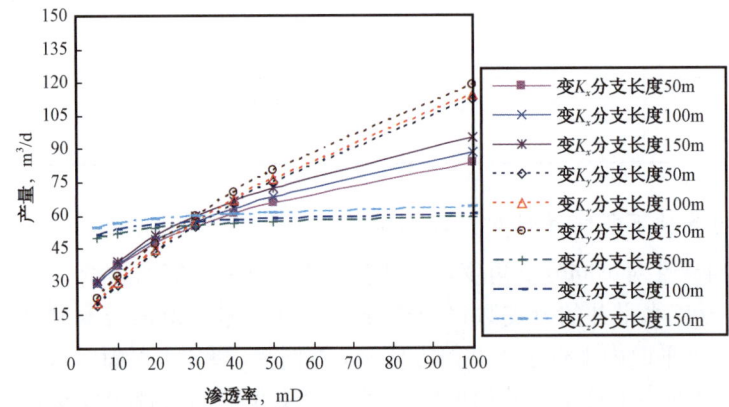

图3-9　不同分支长度的鱼骨状分支水平井产能变化规律（分支角度30°）

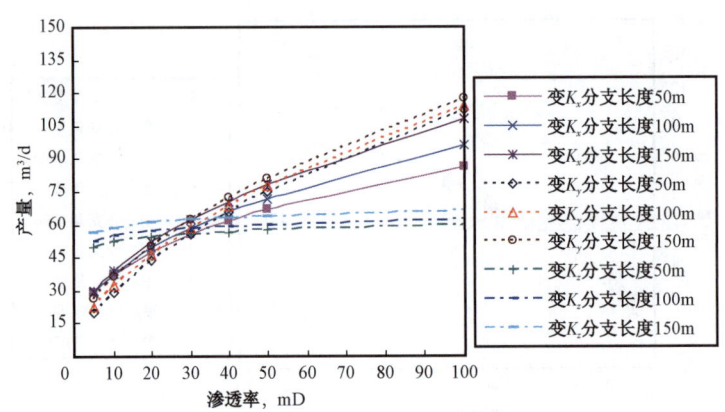

图3-10　不同分支长度的鱼骨状分支水平井产能变化规律（分支角度90°）

从图3-9和图3-10中可以看出，随着水平渗透率和垂向渗透率的增大，鱼骨状分支井产能增加，但增加的幅度逐渐减小。在分支角度分别为30°和90°的情况下，增加各方向渗透率对不同分支长度鱼骨状分支水平井产能的影响规律类似于图3-8，且分支角度越大，增大$x$方向渗透率或增加分支长度所产生的增产效果越明显。分析其原因，分支角度越大，分支井筒在$x$方向的分量越大，增加$x$方向渗透率对分支井筒施加的影响越大。分支角度越大，分支井筒与主井筒之间的干扰效应越小。

（3）油藏各向异性对不同分支数目鱼骨状分支井产能的影响。

假设鱼骨状分支水平井的主井筒长400m，分支井筒长150m，分别改变$x$方向、$y$方向、$z$方向渗透率，在分支角度为30°和90°的情况下，不同分支长度的鱼骨状分支水平井产能变化规律如图3-11和图3-12所示。

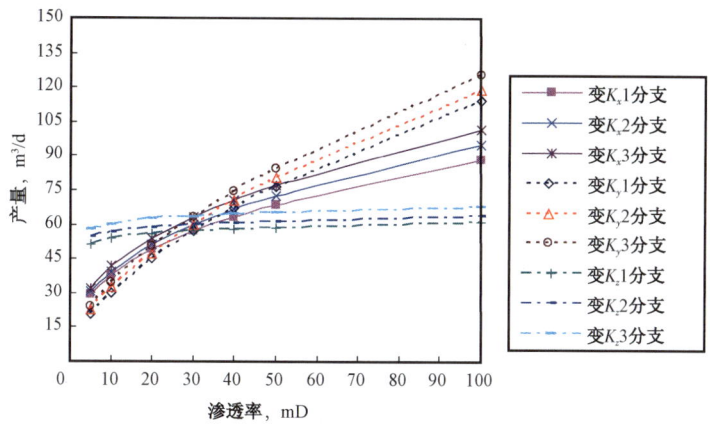

图 3-11　不同分支数目的鱼骨状分支井产能变化规律（分支角度 30°）

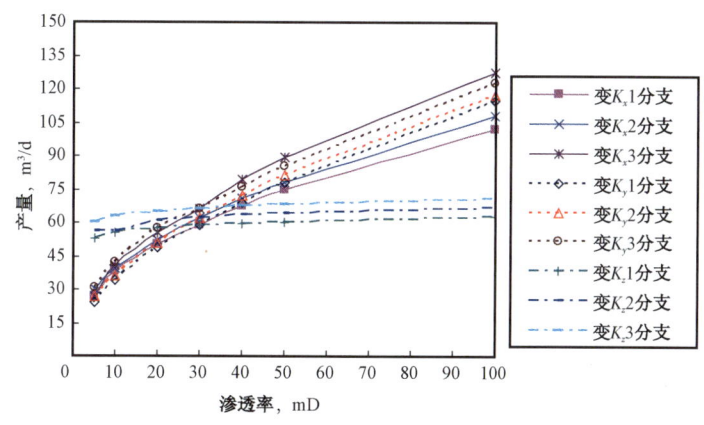

图 3-12　不同分支数目的鱼骨状分支井产能变化规律（分支角度 90°）

从图中可以看出，增加各方向渗透率对不同分支数目的鱼骨状分支水平井产能影响规律与图 3-8、图 3-9 和图 3-10 类似，且分支角度越大，增大 $x$ 方向渗透率或增加分支数目所产生的增产效果越明显。

与直井、水平井不同，鱼骨状分支水平井产能在很大程度上受油藏各向异性的影响，由于存在多个分支井筒，使得这种影响规律变得更加复杂。综合分析，水平面内垂直于主井筒方向的渗透率对鱼骨状分支井产能起决定作用，水平面内平行于主井筒方向的渗透率起次要作用。因此，当水平面内渗透率各向异性较为明确时，应选择主井筒方向与最大渗透率方向垂直；当水平面内渗透率各向异性不明确时，分支角度就起到关键作用，选择的分支角度越大，越能消除水平面内渗透率各向异性不确定性带来的影响。

**2. 各向异性对不同井型产能影响**

为对比不同井型对油层储层渗透率各向异性的影响程度，分别计算了水平井、鱼骨状分支水平井在平行主井筒水平渗透率、垂直主井筒水平渗透率和垂向渗透率变化下的产能，并分别绘制了各向异性对水平井和鱼骨状分支水平井产能的影响曲线图（图 3-13 和图 3-14）。

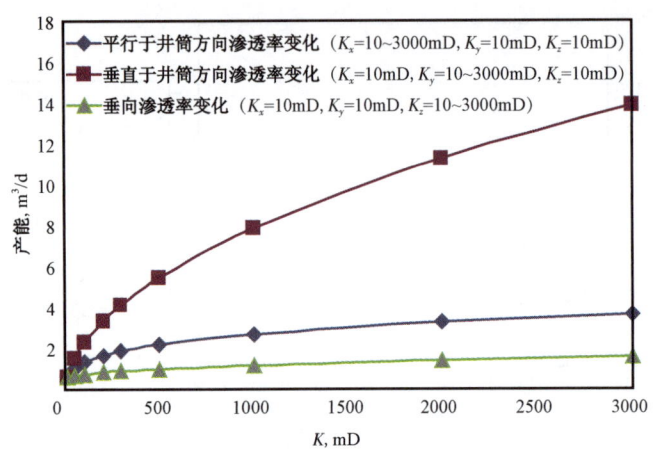

图3-13 各向异性对水平井产能的影响

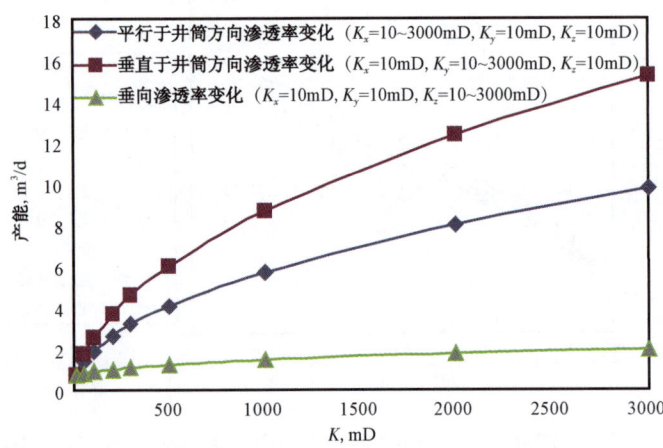

图3-14 各向异性对鱼骨状分支水平井产能的影响

可以看出,水平井与鱼骨状分支水平井产能受各向异性的影响规律类似,3个方向渗透率对产能的影响由大到小为:水平面内垂直于主井筒方向渗透率>水平面内平行于主井筒方向渗透率>垂向渗透率。因此,当水平面内渗透率各向异性较为明确时,无论是常规水平井还是鱼骨状分支水平井,均应使主井筒方向与最大渗透率方向垂直。

由于鱼骨状分支水平井分支的存在,使得各向异性变化对产能影响的幅度存在差异。因此,在以上研究成果的基础上,绘制鱼骨状分支水平井与常规水平井产能比随各向异性变化曲线(图3-15)。可以看出,垂向和垂直井筒方向渗透率变化对两种井型产能比影响不大,而随平行井筒方向渗透率的增大,鱼骨状分支水平井的产能优势会不断增大。

为深化水平井筒与最大渗透率方向之间关系对两种井型产能影响研究,通过变化主井筒与最大渗透率方向夹角,绘制随夹角变化下的水平井和鱼骨状分支水平井产能及其级差(图3-16)。可以看出,夹角的变化对水平井产能影响的程度要大于对鱼骨状分支水平井的影响。因此可以认为,鱼骨状分支水平井比常规水平井受水平面内渗透率各向异性不确定性带来的

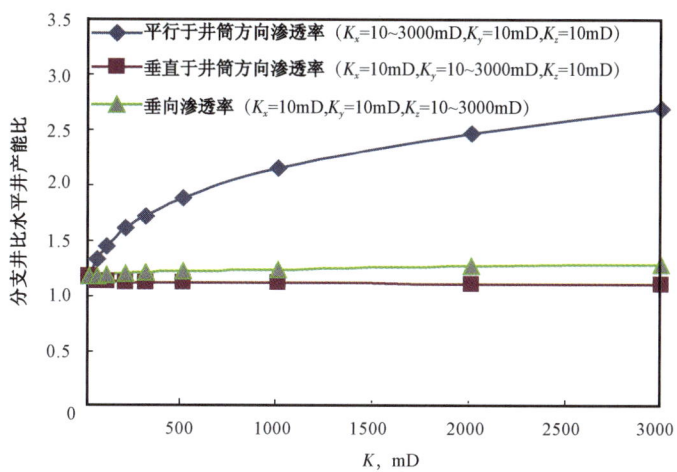

图3-15 各向异性对鱼骨状分支水平井/水平井产能比影响

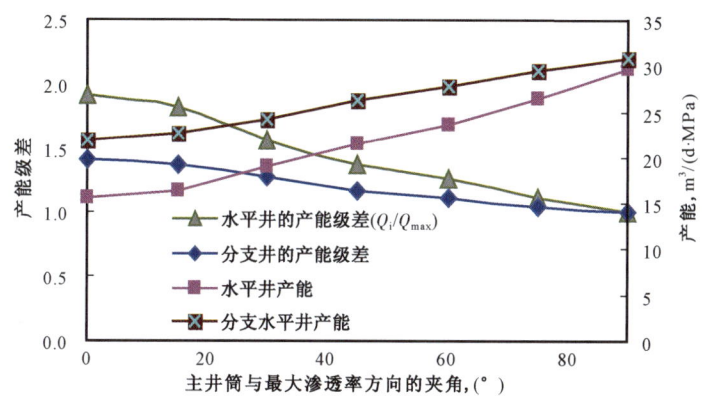

图3-16 不同方向水平井、分支井的产能和产能级差

影响较小,适应性更强。当水平面内渗透率各向异性不明确时,选择鱼骨状分支水平井能消除水平面内渗透率各向异性不确定性带来的影响。

## 第四节 鱼骨状分支水平井井形参数优化

### 一、鱼骨状分支水平井井形参数确定

从鱼骨状分支水平井渗流特征研究得出:鱼骨状分支水平井的产能影响因素众多,且彼此之间相互干扰。本节利用电模拟实验方法对影响产能的井型影响因素进行综合分析,确定主要的井形参数和分类原则,指导鱼骨状分支水平井井形的优化。

1. 分支参数对流场影响

对主井筒长 60cm、分支长 15cm 的 4 分支鱼骨状分支水平井进行了等压线测试，分支角度分别为 90°、60°、45° 和 30°，分别测试了 0.5V、0.3V 和 0.2V 的等压线，并绘制了不同方案下的等压线分布图，如图 3-17 ~ 图 3-20 所示。

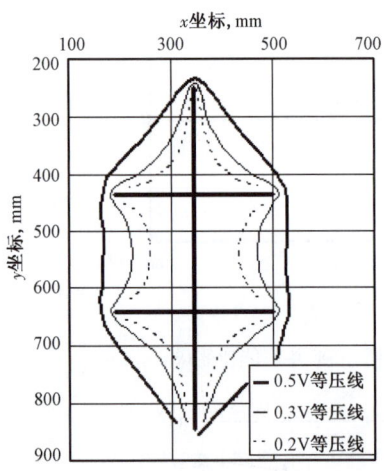

图 3-17 分支 90°等压线实验测量结果

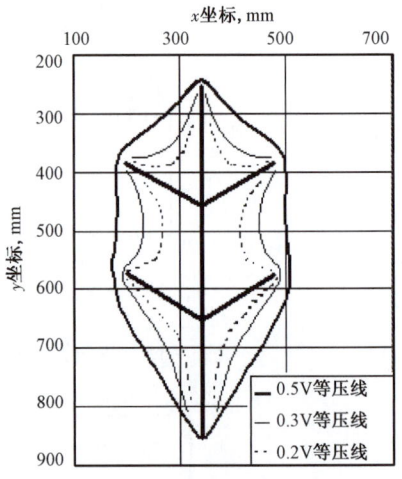

图 3-18 分支 60°等压线实验测量结果

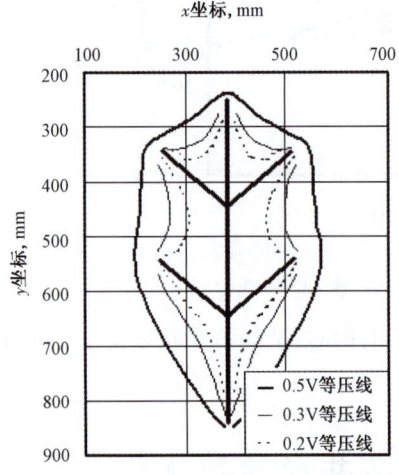

图 3-19 分支 45°等压线实验测量结果

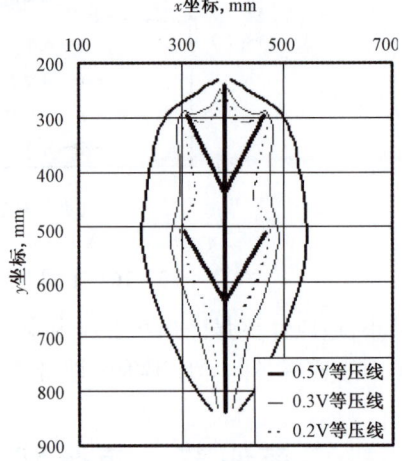

图 3-20 分支 30°等压线实验测量结果

实验研究表明：

(1) 在分支角度大于 30°的时候，井筒附近的等压线(0.2V 和 0.3V)变化不明显，说明分支角度变化的时候，分支会干扰汇合点前后的主井筒，而且影响的趋势是相反的。

(2) 分支角度的增加使得远离井筒的等压线(0.5V)范围扩大，对应的是鱼骨状分支水平井的泄油面积增大，这是鱼骨状分支水平井比水平井产能高的主要原因。同样地，改变鱼骨状分支水平井的分支数目、分支长度、分支角度、分支间距等多种分支参数都会引起鱼骨状分支水平井泄油面积的变化，从而影响分支井的最终产能。

2. 分支参数对产能的影响

为了研究分支数目、分支对称性、分支同异侧等参数对产能的影响，物理模拟实验设计了如图3-21的12中井模型。

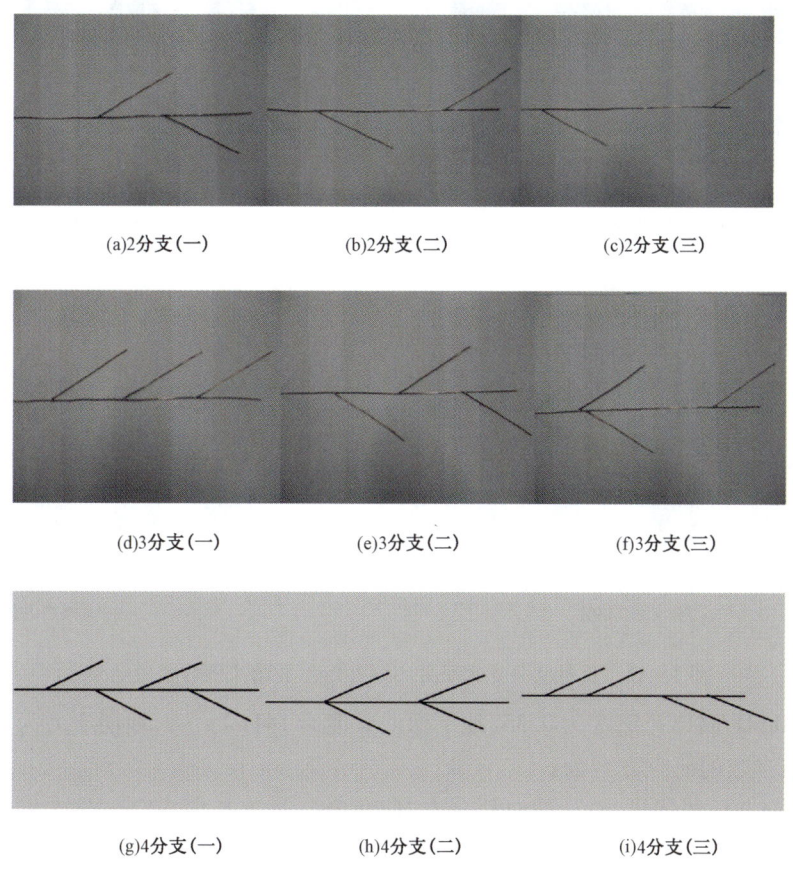

(a)2分支(一)　　(b)2分支(二)　　(c)2分支(三)

(d)3分支(一)　　(e)3分支(二)　　(f)3分支(三)

(g)4分支(一)　　(h)4分支(二)　　(i)4分支(三)

图3-21　12种井模型

综合实验结果表明，鱼骨状分支水平井的分支角度、分支数、分支距主支跟端距离、分支长度、分支间距、分支形态、分支位置等因素都可以影响分支井的最终产能。考虑到众多影响参数之间的内在关系，从而影响具体井形设计的可操作性。研究认为，可以把影响鱼骨状分支水平井产能因素的参数分为以下两类：一类为分支展布参数，主要包括分支井的分支点位置、分支的同异侧及对称性；另一类为分支形态参数，主要包括分支长度、分支角度及分支数(间距)等。分支展布参数在布井时受到油藏的限制较大，因此，在设计过程中应充分考虑油藏情况，首先确定相应参数，然后再进行形态展布参数的优化。

## 二、鱼骨状分支水平井井形参数优化

1. 分支展布参数优化

应用埕岛201区块的储层物性及流体参数，建立均质油藏概念模型，油层厚度为8m，储层

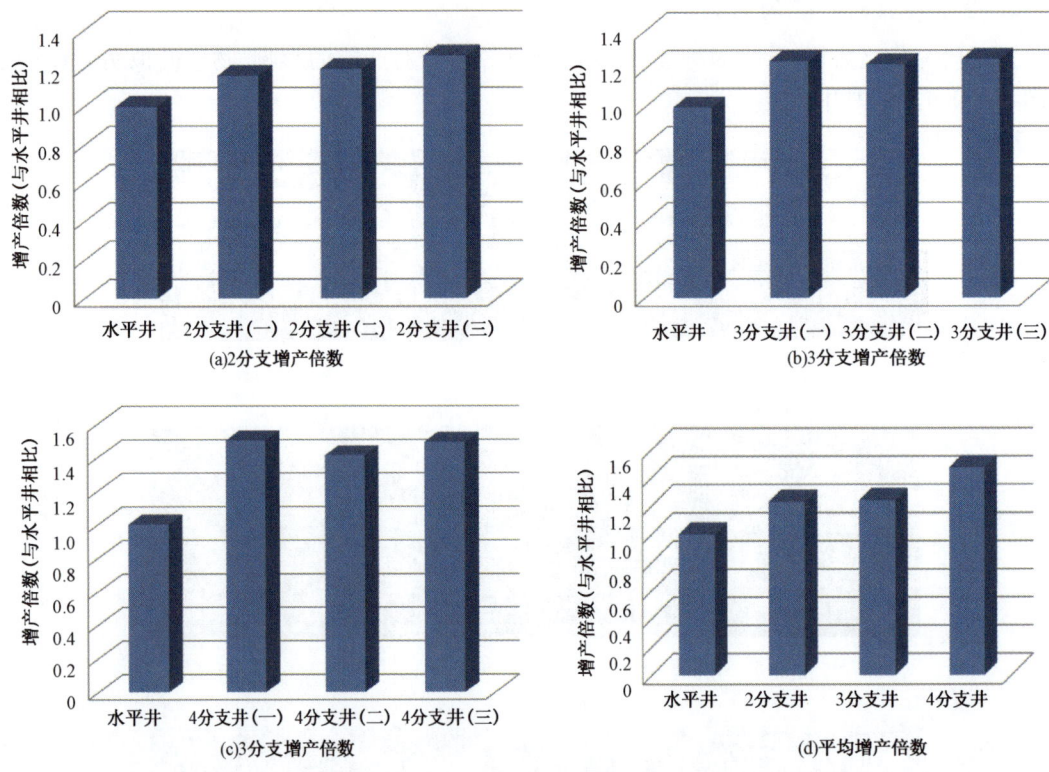

图 3-22 鱼骨状分支水平井不同井形参数增产倍数实验结果

渗透率为2150mD,储层孔隙度为0.35,地下原油黏度为141mPa·s,地层压力为12.5MPa。设计分支井展布参数的研究方案为:

(1)对于分支位置优化,设计两对称分支,角度30°,主支长度500m,分支长度250m,分支位置分别距离井跟距离为0,100m,200m,300m,400m和500m 六种方案;

(2)对于分支同异侧优化,设计四非对称分支,角度分别为30°,60°和90°,分支长度分别为50m,100m,150m,200m,250m 和 300m 等分支同侧及异侧分布36 种方案;

(3)对于分支对称性优化,设计4 分支,角度分别为30°,60°和90°,分支长度分别为50m,100m,150m,200m,250m 和 300m 等分支对称与非对称分布36 种方案。

应用分段耦合解析模型计算出了分支井展布参数的各方案结果(图3-23 至图3-25)。

结论1:分支位置靠近端部产量高。

从图3-23采油指数与分支位置的关系可以看出,在考虑井筒阻力影响的情况下,主支井筒跟端的流体流入强度大于趾端,水平井周围的等压线呈非对称的"梨形",不同分支井位置对主井筒干扰的影响不同,分支点距离井跟位置与采油指数关系曲线呈非对称的抛物线型,分支位置位于主支两端产能明显高于主支的中部,并且分支位于趾端产能高于跟端。

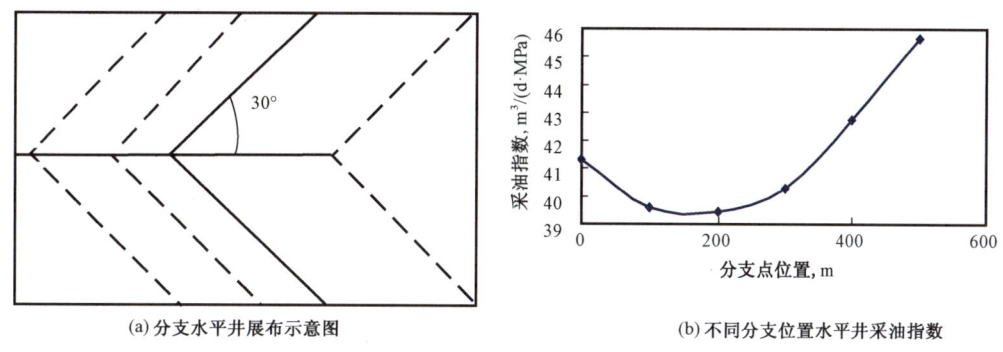

图 3-23 采油指数与分支位置的关系

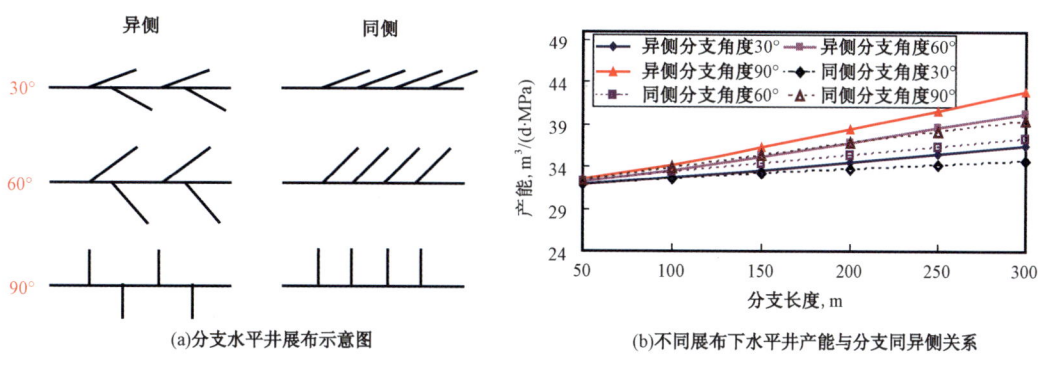

图 3-24 产能与分支同异侧的关系

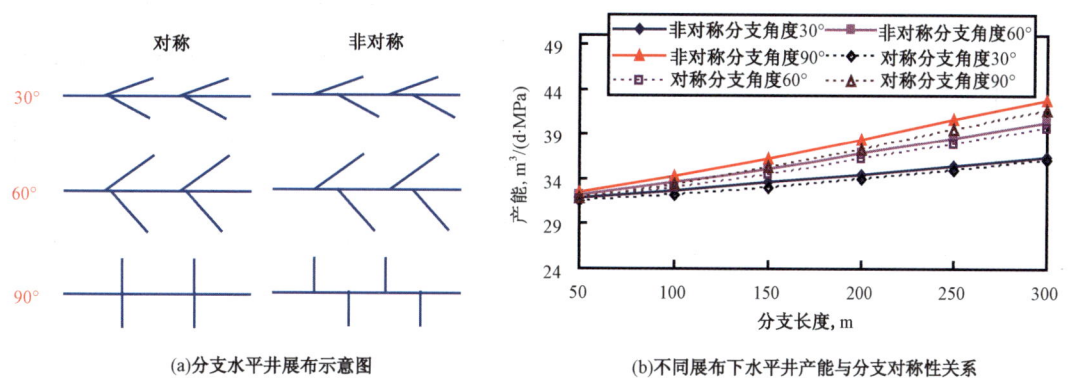

图 3-25 产能与分支对称性的关系

结论 2：分支异侧产量高。

图 3-24 反映了产能与分支同异侧的关系。相同的分支参数情况下，异侧分支对于增大鱼骨状分支水平井主支两侧的泄油面积的程度要强于同侧分支，且同侧分支条件下的分支间距减小，支间干扰增大，其产能随分支长度增长而增大的速度快；且随着分支长度和分支角度的增加，分支增产受主支干扰影响的比重减小，异侧分支产能优势更加明显，两者产能差距逐渐加大。

结论3：分支非对称产量高。

图3-25给出了产能与分支对称性的关系，从中可以看出，相同的分支参数情况下，由于非对称分支减小了多向汇流干扰，相同分支长度下其产能大于对称分支；且随着分支长度和分支角度的增加，主分支井筒流量不断增大，汇流干扰加剧，两者差距逐渐加大。

因此，实际中在进行分支井开采油藏时，分支位置排布应该采取中间间隔大两端小的变间距模式，使分支位置尽量距离主支的趾端与跟端近一些，并且分支井的分支应尽量采用异侧非对称性排布。

2. 分支形态参数优化

应用与分支展布参数相同的模型，对于影响分支井产能的形态参数进行优化。设计分支井形态参数的研究方案为：

（1）对于分支长度优化，设计异侧非对称分支，主支长度500m，角度分别为30°、60°和90°，分支长度分别为50m、100m、150m、200m、250m和300m，分支数分别为2分支和6分支等36种方案；

（2）对于分支角度优化，设计异侧非对称分支，分支长度分别为100m、200m和300m，分支数分别为2分支和6分支，分支角度分别为15°、30°、45°、60°、75°和90°等36种方案；

（3）对于分支数目优化，设计异侧非对称分支，分支长度分别为100m、200m和300m，分支角度分别为30°和90°，分支数分别为1分支、2分支、3分支、4分支、5分支和6分支等36种方案。

应用分段耦合方法得到了分支井展布参数的优化结果，图3-26~图3-28分别给出了产能和产能增幅与分支长度、角度、数目的关系。

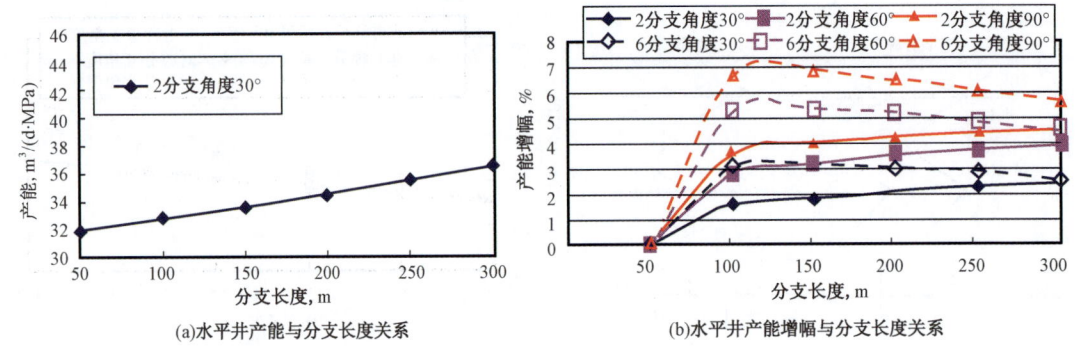

图3-26 产能和产能增幅与分支长度的关系

结论1：分支长度不小于临界长度（100m）。

可以看出，对于分支长度参数（图3-26），其产能随分支长度呈近似线性增长关系，是影响鱼骨状分支水平井产能的重要因素。相同的分支数目情况下，分支角度越大，随着分支长度的增长，其产能增幅越快，但超过一定的临界长度（100m左右）以后，产能增幅速度趋于一致。但分支数目较少时（2分支），临界长度后的产能增幅接近线性上升，而分支数目较多时（6分支），临界长度后的产能增幅接近线性下降。因此，分支数不同时分支长度对产能增长的影响规律也不同，较小分支数时具有增大分支长度的优势。

结论2:分支角度不小于30°。

对于分支角度参数(图3-27),其产能随分支角度增大呈近似对数增长关系,90°时达到最大值。相同的分支数目情况下,分支长度越长,随着分支角度的增大,其产能增幅越快,但超过一定的临界角度(30°左右)以后,产能增幅均变缓下降。因此,当分支长度、分支数目较小时,分支角度对产能影响不大,分支数目、分支长度较大时,分支角越大越好。

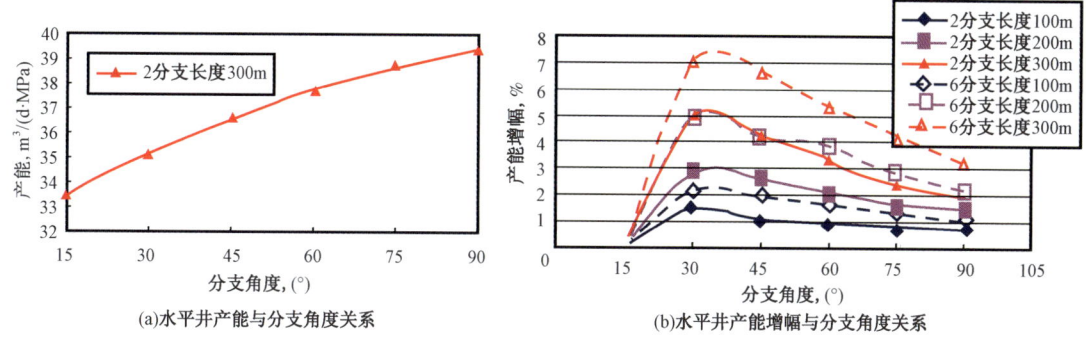

图3-27 产能和产能增幅与分支角度的关系

结论3:分支数目不小于2支。

对于分支数目参数(图3-28),其产能随分支数目增大呈近似对数增长关系。相同的分支角度情况下,分支长度越长,随着分支数目的增大,其产能增幅越快,但超过一定的临界数目(2分支数左右)以后,产能增幅均变缓下降。因此,当分支长度较小时,增加分支数目对于产能的增加意义不大。分支长度越大,分支角度越大,选择多的分支数能够带来更为可观的产能效果。

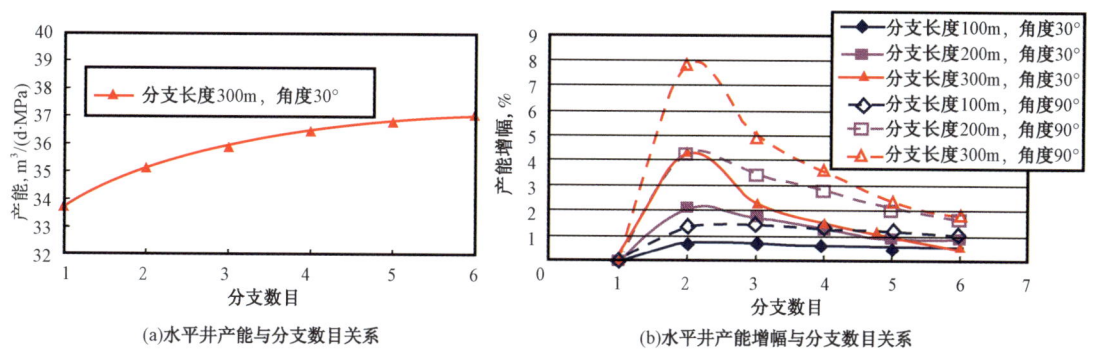

图3-28 产能和产能增幅与分支数目的关系

**3. 分支形态参数敏感性评价**

影响鱼骨状分支水平井产能的因素众多,且彼此之间相互干扰、影响。应用多因素正交实验分析法来研究不同参数对分支井这三方面因素的影响程度大小,以评价分支井形参数的敏感性,正确指导井形设计。

根据以上不同井形参数计算的产量(单位:m³/d)结果,建立了3水平4因素的正交设计实验,结果见表3-5。其中,Ⅰ,Ⅱ和Ⅲ分别代表相同因素不同水平下的计算结果之和,$R$代表极差,即相同因素结果最大值与最小值的差,其值越大,表明该因素敏感性越强。从中可以得出鱼骨状分支水平井各分支形态因素敏感性大小依次为:分支长度、分支数目、分支角度、分支间距。

表3-5 鱼骨状分支水平井产能影响因素正交试验表

| 影响因素<br>水平<br>试验号 | 分支长度<br>A | 数目<br>B | 角度<br>C | 间距<br>D | 结果 |
|---|---|---|---|---|---|
| 1 | 100 | 2 | 30 | 100 | 86.0 |
| 2 | 100 | 4 | 60 | 150 | 120.9 |
| 3 | 100 | 6 | 90 | 200 | 132.9 |
| 4 | 200 | 2 | 60 | 200 | 122.7 |
| 5 | 200 | 4 | 90 | 100 | 133.0 |
| 6 | 200 | 6 | 30 | 150 | 140.4 |
| 7 | 300 | 2 | 90 | 150 | 134.6 |
| 8 | 300 | 4 | 30 | 200 | 145.9 |
| 9 | 300 | 6 | 60 | 100 | 163.0 |
| Ⅰ | 339.8 | 343.2 | 372.3 | 382.1 | |
| Ⅱ | 396.2 | 399.9 | 406.7 | 395.9 | |
| Ⅲ | 443.5 | 436.4 | 400.5 | 401.5 | |
| Ⅰ/3 | 113.3 | 114.4 | 124.1 | 127.4 | |
| Ⅱ/3 | 132.1 | 133.3 | 135.6 | 132.0 | |
| Ⅲ/3 | 147.8 | 145.5 | 133.5 | 133.8 | |
| 极差R | 34.6 | 31.0 | 11.5 | 6.5 | |

## 三、鱼骨状分支水平井井形优化原则

综合以上分支展布以及分支形态优化的结果,得到鱼骨状分支水平井形态设计原则如下:

(1)影响鱼骨状分支水平井产能因素的参数可以分为分支展布参数(分支点位置、同异侧和对称性)和分支形态参数(分支长度、数目、角度和间距)。在分支形态参数一定的情况下,分支异侧排布的产能大于同侧,非对称性排布产能大于对称性排布,并且分支点距离主井筒的两端越近产能越高。

(2)鱼骨状分支水平井形态参数对其产能影响的强弱顺序依次为:分支长度、分支数目、分支角度、分支间距。分支数不同时分支长度对产能增长的影响规律也不同,较小分支数时具有增大分支长度的优势;分支长度较小时,增加分支数的增产效果不明显。分支长度越大,分支角度越大,选择多的分支数目能够带来更为可观的产能效果;当分支长度、分支数目较小时,分支角度对产能影响不大,分支数目、分支长度较大时,分支角越大越好。

(3)均质油藏鱼骨状分支水平井的单井形态设计原则是:异侧、非对称,分支位置排布应该采取中间间隔大两端小的变间距模式,使分支点位置靠近主井筒两端,且分支个数不少于2分支,分支角度不小于30°。

## 第五节 鱼骨状分支水平井应用设计

受钻完井及采油工艺技术的影响,实际的鱼骨状分支水平井的井轨迹并非理想的"鱼骨状",且井筒的材质、井径等参数不同,这样,其产能大小会与理想的预测结果产生偏差。为此,对有关实钻轨迹及井筒参数等因素与产能计算误差之间的关系进行研究,提高产能预测精度与井形设计的质量。

### 一、分支平面弯曲

受钻井工艺技术的影响,在设计的分支结构情况下,实际的分支轨迹会出现弯曲(图3-29)。在分支端点目标不变的情况下,这种弯曲实际上减小了局部段与主支之间的距离,增加了主分支之间的干扰程度。应用油藏—井筒耦合解析模型,分析该变化对鱼骨状分支水平井产能的影响。

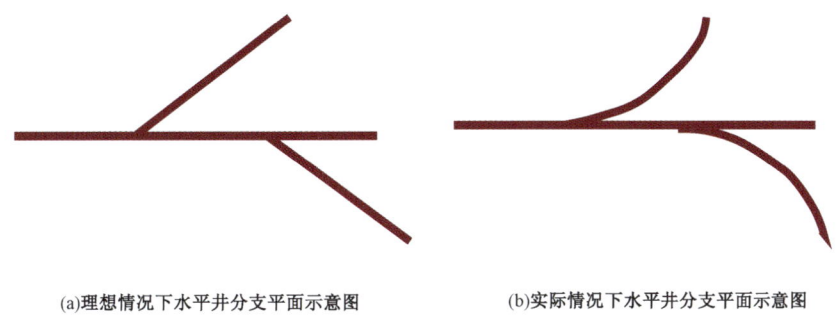

图3-29 分支平面弯曲示意图

分支弯曲前后主支及分支沿程流入剖面(图3-30)对比发现,当分支弯曲时,主井筒在分支汇合点附近流入量略低于分支为直线;分支井筒沿程流入量减小,但因为轨迹变长,分支产能相差不大;因此弯曲分支鱼骨状分支水平井总产能比斜直分支鱼骨状分支水平井产能总略低,但相差较小(1%)。

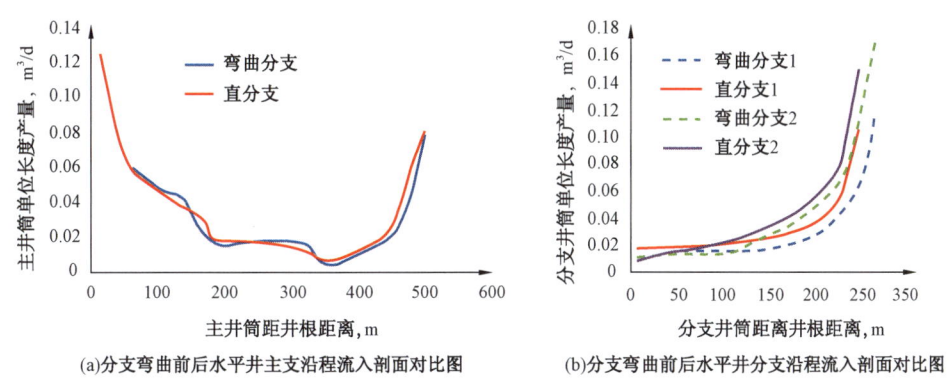

图3-30 分支弯曲前后主支及分支沿程流入剖面对比

## 二、分支垂向上翘

实际钻井时,考虑到主支完井下套管的工艺情况,一般情况下主支下沉,靠近油层下界,分支上翘,靠近油层上界,而并非在同一个水平面上,如图3-31所示。

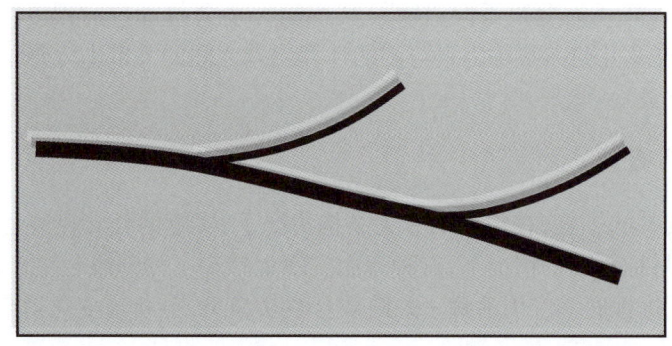

图3-31 鱼骨状分支水平井实钻轨迹倾斜示意图(剖面)

应用油藏—井筒耦合解析模型,计算对比井轨迹倾斜与不倾斜的主支及分支产量剖面(图3-32),可以看出,实际钻井轨迹倾斜对主支产能的影响很小,但对分支都有一定程度的影响。但在油层比较薄的情况下,整体减少幅度不大。

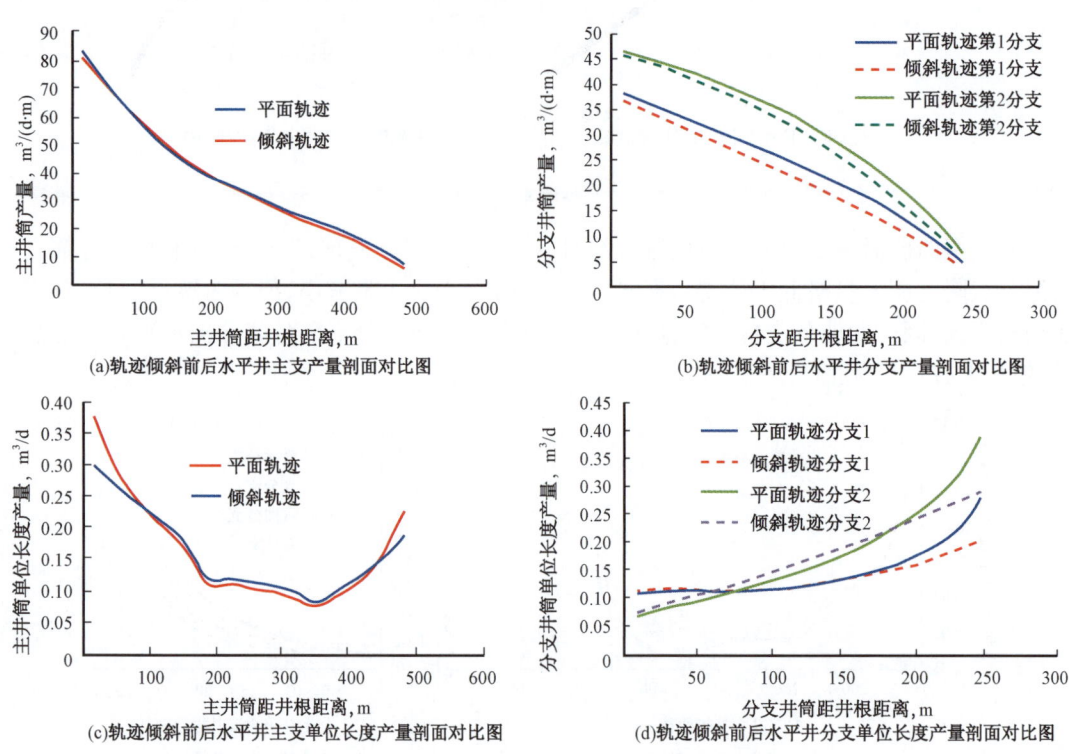

图3-32 轨迹倾斜前后主分支产量剖面对比

## 三、井筒阻力因素

**1. 因素敏感性分析**

根据井筒压降计算公式[式(2-32)]可以得到,影响井筒阻力的因素有:井径、水平段长度、管壁的粗糙度、流量、流体黏度等。管径、粗糙度为工程设计因素,流量、长度为油藏设计因素,黏度油藏流体因素。

为了明确影响井筒压降因素的敏感性大小,应用分段耦合解析渗流模型,结合胜利油田中高渗透油藏参数(表3-6),计算了不同参数组合条件下的井筒压降结果,并利用正交设计方法对各因素进行敏感性分析(表3-7),分析结果如表3-8所示。可以看出,影响井筒压降的显著因素是管径,主要因素是水平段长度和流量,次要因素是流体黏度和管壁的粗糙度。从油藏工程设计与研究角度,合理的水平井长度和流量的优化,要充分考虑到井筒压降的影响。

表3-6 胜利油田中高渗透油藏参数

| 模型长度,m | 1600 | 油黏度,mPa·s | 10~50 |
|---|---|---|---|
| 模型宽度,m | 1600 | 地层条件下油的密度,g/cm³ | 0.963 |
| 模型高度,m | 8 | 最小井底压力,MPa | 6 |
| $x$方向渗透率,mD | 2150 | 井筒相对粗糙度 | 0.0006~4 |
| $y$方向渗透率,mD | 2150 | 油藏原始压力,MPa | 12.5 |
| $z$方向渗透率,mD | 215 | 孔隙度 | 0.35 |
| 水平段长度,m | 300~1500 | 流量,m³/d | 200~1000 |

表3-7 井筒压降影响因素敏感性分析正交设计分析表

| 因素 | 内径,mm | 粗糙度,mm | 流量,m³/d | 黏度,mPa·s | 长度,m | 误差项 | 总压降,bar | 摩阻压降,bar | 加速度压降,bar |
|---|---|---|---|---|---|---|---|---|---|
| 1 | 41 | 0.0015 | 200 | 10 | 300 | 1 | 1.7 | 1.7 | 0.0 |
| 2 | 41 | 0.015 | 400 | 20 | 600 | 2 | 11.5 | 11.3 | 0.2 |
| 3 | 41 | 0.15 | 600 | 30 | 900 | 3 | 36.9 | 36.4 | 0.4 |
| 4 | 41 | 1.5 | 800 | 40 | 1200 | 4 | 91.1 | 90.3 | 0.9 |
| 5 | 41 | 4 | 1000 | 50 | 1500 | 5 | 107.7 | 106.9 | 0.7 |
| 6 | 52 | 0.0015 | 400 | 30 | 1200 | 5 | 6.4 | 6.3 | 0.1 |
| 7 | 52 | 0.015 | 600 | 40 | 1500 | 1 | 18.0 | 17.9 | 0.1 |
| 8 | 52 | 0.15 | 800 | 50 | 300 | 2 | 7.3 | 7.3 | 0.0 |
| 9 | 52 | 1.5 | 1000 | 10 | 600 | 3 | 19.1 | 18.2 | 0.9 |
| 10 | 52 | 4 | 200 | 20 | 900 | 4 | 1.4 | 1.4 | 0.0 |
| 11 | 62 | 0.0015 | 600 | 50 | 600 | 4 | 2.9 | 2.9 | 0.1 |
| 12 | 62 | 0.015 | 800 | 10 | 900 | 5 | 5.2 | 5.2 | 0.1 |
| 13 | 62 | 0.15 | 1000 | 20 | 1200 | 1 | 13.3 | 13.2 | 0.1 |
| 14 | 62 | 1.5 | 200 | 30 | 1500 | 2 | 1.5 | 1.5 | 0.0 |
| 15 | 62 | 4 | 400 | 40 | 300 | 3 | 0.8 | 0.8 | 0.0 |

续表

| 因素 | 内径,mm | 粗糙度,mm | 流量,m³/d | 黏度,mPa·s | 长度,m | 误差项 | 总压降,bar | 摩阻压降,bar | 加速度压降,bar |
|---|---|---|---|---|---|---|---|---|---|
| 16 | 73 | 0.0015 | 800 | 20 | 1500 | 3 | 5.8 | 5.7 | 0.1 |
| 17 | 73 | 0.015 | 1000 | 30 | 300 | 4 | 2.0 | 1.9 | 0.1 |
| 18 | 73 | 0.15 | 200 | 40 | 600 | 5 | 0.4 | 0.4 | 0.0 |
| 19 | 73 | 1.5 | 400 | 50 | 900 | 1 | 1.6 | 1.6 | 0.0 |
| 20 | 73 | 4 | 600 | 10 | 1200 | 2 | 4.5 | 4.5 | 0.0 |
| 21 | 88 | 0.0015 | 1000 | 40 | 900 | 2 | 2.2 | 2.2 | 0.0 |
| 22 | 88 | 0.015 | 200 | 50 | 1200 | 3 | 0.5 | 0.5 | 0.0 |
| 23 | 88 | 0.15 | 400 | 10 | 1500 | 4 | 0.6 | 0.6 | 0.0 |
| 24 | 88 | 1.5 | 600 | 20 | 300 | 5 | 0.3 | 0.3 | 0.0 |

表 3-8 井筒压降影响因素敏感性分析结果

| 因素 | 管径,mm | 流量,m³/d | 长度,m | 黏度,mPa·s | 粗糙度,mm |
|---|---|---|---|---|---|
| $F$ 值 | 6.61 | 2.18 | 1.77 | 1.24 | 1.22 |
| 分类 | 关键因素 | 主要因素 | | 次要因素 | |

注：$F$ 值的大小表征所考虑的因素水平变化时对响应量波动的贡献，$F$ 值越大的因素对实验相应值影响越大。$F$ 值的计算请参阅正交实验方法的相关书籍。

**2. 因素影响规律研究**

（1）井筒内径。设计当水平井长为300m，粗糙度为0.6mm时，计算了不同管径条件下产量与井筒压力损失之间的关系（图3-33）。

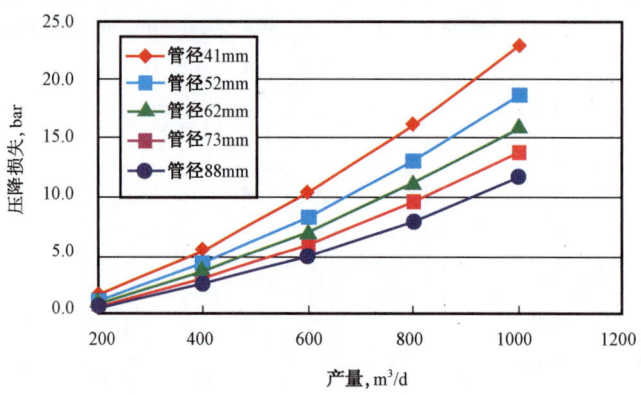

图 3-33 管径与井筒压力损失关系图

从图中可以看出，管径越小，相同产量情况下的井筒压力损失越大，井筒压力损失与产量关系的增长速度越快。但当流量小于200m³/d时，管径对井筒压力损失的影响不再明显。特别是当管径小于41mm，流量超过900m³/d后，压降损失超过2MPa，不可忽视。

（2）水平段长度。设计井筒内径为62mm，粗糙度为0.6mm时，计算不同水平段长条件下产量与井筒压力损失之间的关系（图3-34）。

# 第三章 鱼骨状分支水平井产能评价

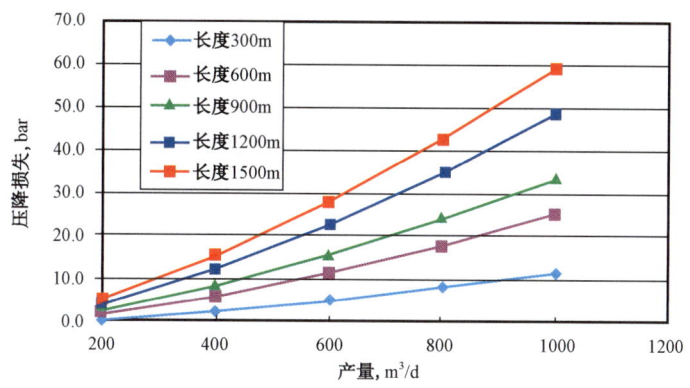

图 3-34 水平段长度与井筒压力损失关系图

可以看出,长度越长,相同产量情况下的井筒压力损失越大,井筒压力损失与长度关系的增长速度越快。但当流量小于 $200m^3/d$ 时,长度对井筒压力损失的影响不再明显。当产量大于 $1000m^3/d$,且水平井的水平段长度超过 $600m$ 时,压降损失量将超过 $2MPa$,需慎重考虑。

(3) 井筒流量。设计井筒内径为 $62mm$,长度为 $300m$ 时,计算不同井筒流量条件下管径与井筒压力损失之间的关系(图 3-35)。可以看出,井筒流量越大,相同管径下的井筒压力损失越大,但井筒压力损失与管径关系的下降速度越快。当流量小于 $200m^3/d$ 时,井筒流量对井筒压力损失的影响不再明显。

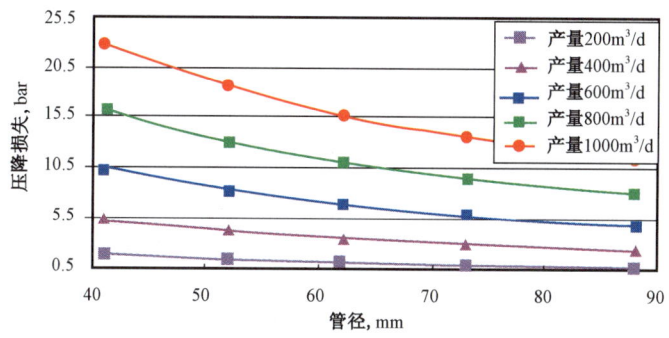

图 3-35 水平井筒流量与井筒压力损失关系图

### 3. 压降对产能影响

(1) 物理实验研究。为了进一步分析井筒流动阻力对产能的影响,利用 $0.2mm$ 电阻丝进行了分支井增产倍数实验。为了与不考虑井筒阻力的结果对比,同时完成了同样直径铜丝的增产倍数实验,实验结果如图 3-36 所示。

铜丝代表无井筒阻力情况,电阻丝代表有井筒阻力情况。可以看出,在鱼骨状分支水平井形态相同(同主井长度、同分支长度、同分之间距、同分支数、同分支角度)时,电阻丝的增产倍数要明显低于铜丝的增产倍数。这说明实际情况中存在井筒内阻的时候,增产效果不如理想状态下的明显。电阻丝的 4 分支增产倍数大于铜丝 2 分支增产倍数(分支长度、角度不变),这说明增加分支数可以有效地弥补井筒内阻对产量的抑制作用。当然,在实际情况中出于经

·83·

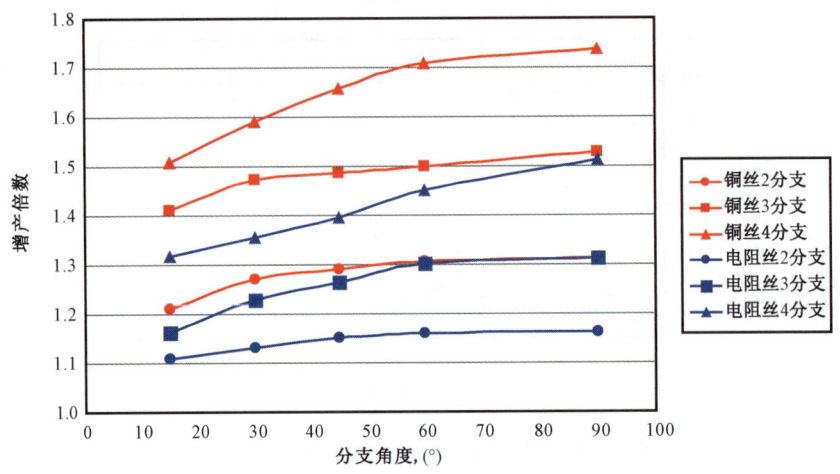

图 3-36 考虑井筒阻力下的鱼骨状分支水平井增产倍数实验结果

济效益的考虑,还要在增加分支数和增加后所能带来的产量提高之间做出权衡。随着鱼骨状分支水平井分支角度的变大,产能也随之提高。分支角度以 45°左右为界,从 0°~45°变化时,产能的提高较为明显;超过 45°时,产能的增加趋势变慢,甚至变得不那么明显了。

为了反映出井筒阻力变化下的产能影响规律,实验中采用了不同阻值的井模型,使得井筒的压降与地层总压降之比(Vh/V)从 0~10%变化(表 3-9)。图 3-37 为不同井筒阻力下的产能变化规律实验结果,可以看出,在井筒压降为生产压差的 10%左右时,鱼骨状分支水平井的产量会下降 30%左右。

表 3-9 不同规格电阻丝与井筒阻力大小对应表

| 水平井规格 | 电流,mA | Vh/V |
| --- | --- | --- |
| 粗铜丝 | 31.7 | 约为 0 |
| 细铜丝 | 27.3 | 0.20% |
| 0.4mm 电阻丝 | 26.7 | 2.97% |
| 0.35mm 电阻丝 | 25.7 | 3.75% |
| 0.2mm 电阻丝 | 22.4 | 9.99% |

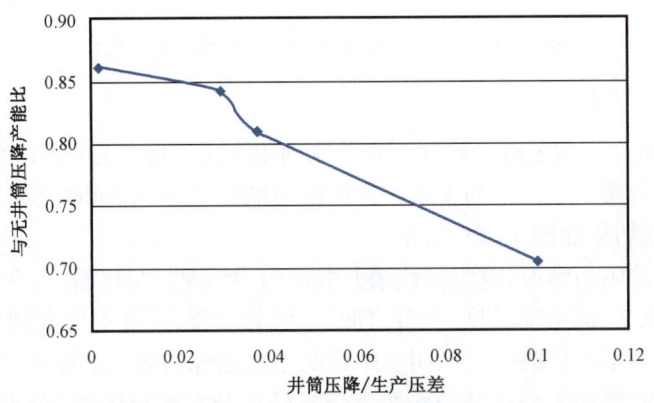

图 3-37 不同井筒阻力下的产能变化规律实验结果

(2)理论计算研究。为了系统研究井筒压降大小对油井产能的影响规律,采用了数值模拟方法,计算研究不同因素下的产能影响。为了方便研究,引入产量预测误差率的概念,定义为考虑井筒阻力下的产量与不考虑井筒阻力下的产量之差与不考虑井筒阻力下的比值。

① 井筒内径。当井长为300m、粗糙度为0.6mm时,管径对产能的影响如图3-38所示。可以看出,随着内径的减小,产量的损失率逐渐增大,而且曲线的斜率也逐渐增大。当井筒内径较小时(内径小于52mm),改变内径的大小对产量损失的影响较大;而当内径较大时(内径大于52mm),改变内径的大小对产量损失的影响不明显。从图中还可以看出,随着生产压差的增大,曲线变陡的趋势更加明显,由此可知,随着生产压差的增大,内径的变化对产量损失的影响更明显。

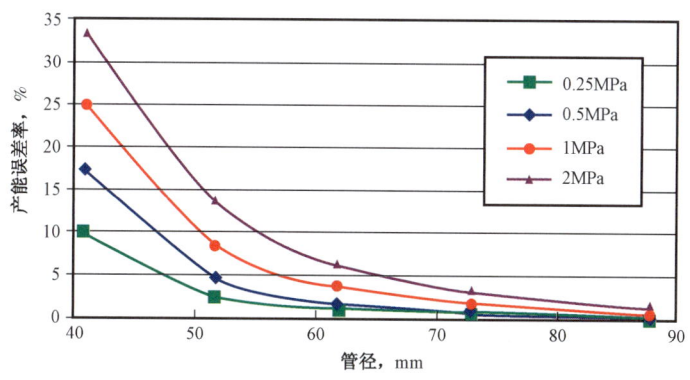

图3-38 管径与产量损失关系图

② 水平段长度。考虑井筒内径为62mm、粗糙度为0.6mm时,水平段长对产能的影响规律如图3-39所示。可以看出,随着井筒长度的增加,产量损失也在增加,且压差越大,长度对产量损失的影响越强。

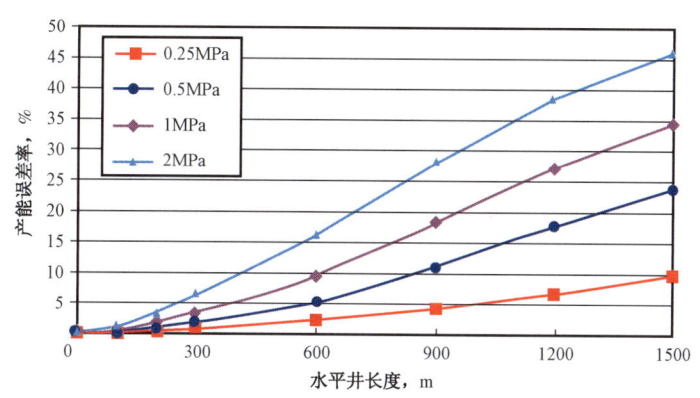

图3-39 水平段长度与产量损失关系图

③ 完井方式。针对完井方式的不同,采取了不同的管壁粗糙度来模拟,具体对应值见表3-10,其对产能损失的影响结果如图3-40所示。可以看出,在生产压差较小的情况下,裸眼完井的产量损失率小于其他两种完井方式。当生产压差较大时,射孔完井的产量损

失率低于其他两种完井方式。该图还可对裸眼完井发展势头强劲的原因做出合理的解释,即在同等条件下,裸眼完井不仅可以节省30万~50万元的完井费用,且在较低生产压差(<1.4MPa)下产量损失率最低。由于裸眼完井并不适合所有的地质条件,因而发展应用了筛管、射孔等完井技术。

表3-10 不同完井方式下的粗糙度及表皮系数值对应表

| 完井方式 | 粗糙度值,mm | 表皮系数 |
| --- | --- | --- |
| 固井射孔完井 | 0.0001 | 2.32 |
| 筛管完井 | 0.0006 | 3.51 |
| 裸眼完井 | 0.003 | 1.33 |

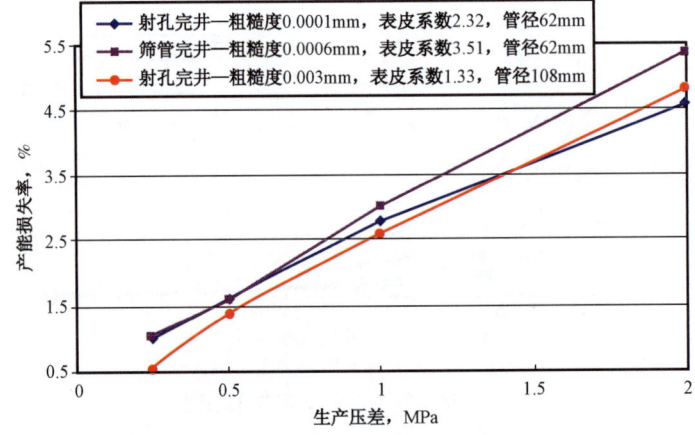

图3-40 完井方式与产量损失关系图

井筒阻力的存在导致水平井筒趾部压力的增大,从而导致趾部流体流入量的减小。随着油井水平段长度的不断增长和油井产量的不断提高,井筒阻力不断增大,当井筒阻力足够大时,井筒趾部压力等于或高于油藏压力,井筒流入量为零或反向,从而引起产能的减小。因此,水平井筒存在临界的水平段长度(图3-41)。

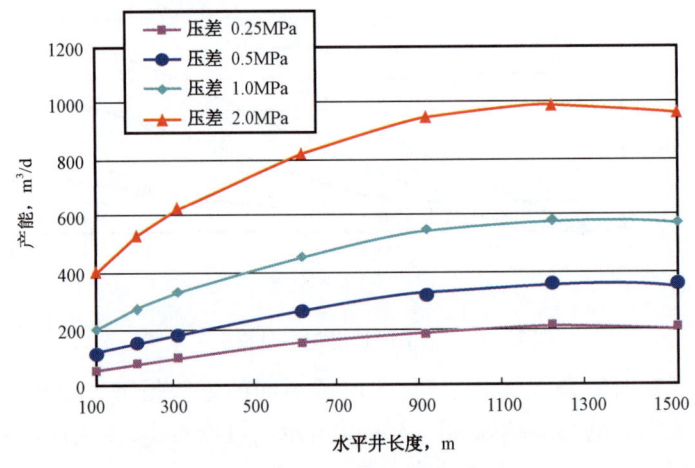

图3-41 水平井长度与产量关系曲线

## 四、注采位置优化

实际的应用当中,鱼骨状分支水平井产能会受到周围注水井的影响。为此通过物理实验研究了不同注采单元配置对生产井产能的影响,为优化鱼骨状分支水平井注采井网提供依据。实验中采用直井作为注入井,鱼骨状分支水平井作为生产井,变化注入井和生产井的相对位置,测试其产能变化。

在实验中采取了两种注采井位置配置方式(图3-42),其不同位置所对应的产能结果见图3-43。从实验结果可以看出,当注水井位于平行鱼骨状分支水平井主井筒时,鱼骨状分支水平井产能较高;对于不规则井网,注水井避免与主、分支端点延伸方向正对或靠近。

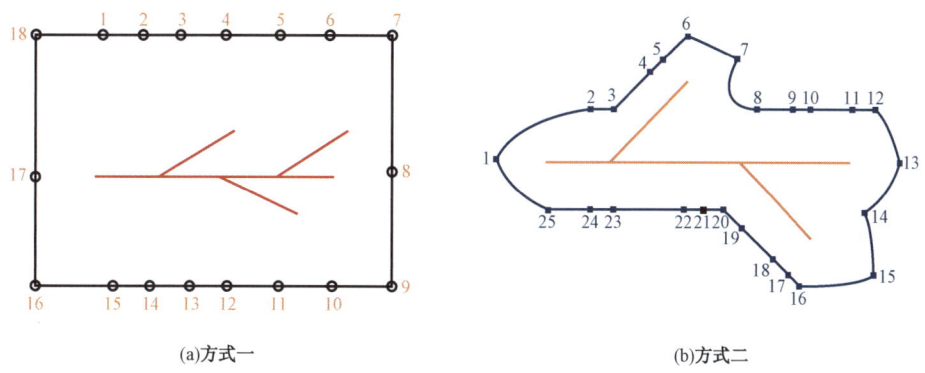

图3-42 两种不同的注采配置方式

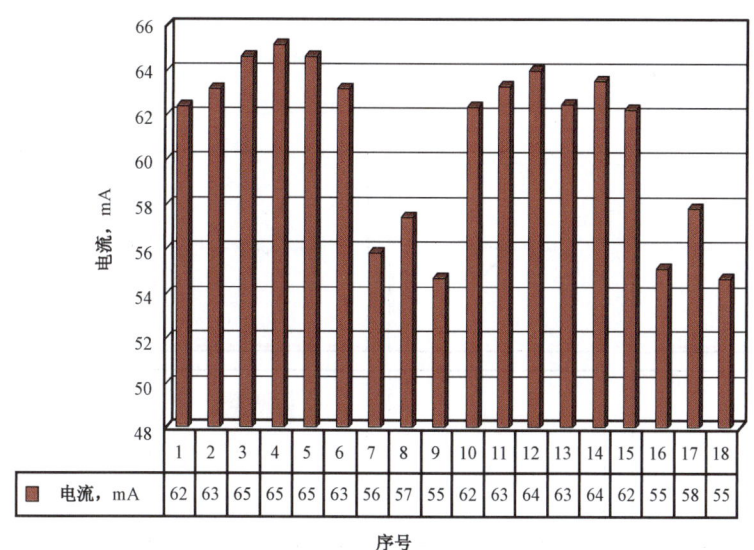

(a)方式一

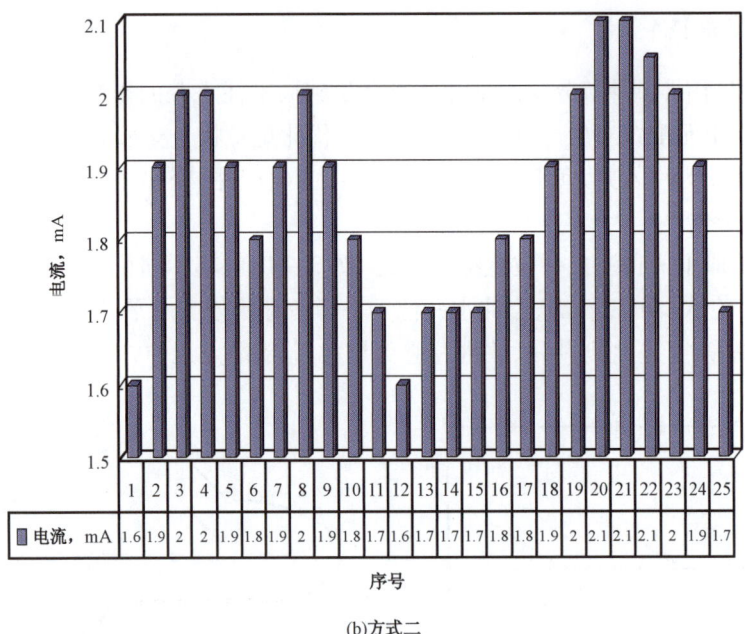

(b)方式二

图 3-43　两种不同的注采配置方式下的产能对比

### 五、平面位置优选

对于存在边水或底水的油藏,如何选择合理的鱼骨状分支水平井与油藏边界之间的配置关系,对于发挥鱼骨状分支水平井的增产优势也十分重要。为此,通过物理实验设计了 7 种边界类型(图 3-44),其中红色表示是定压边界。电解槽内壁覆有一层紫铜带模拟供给边界,对于底水边界,通过底部紫铜片的大小反映边水能量的强弱。

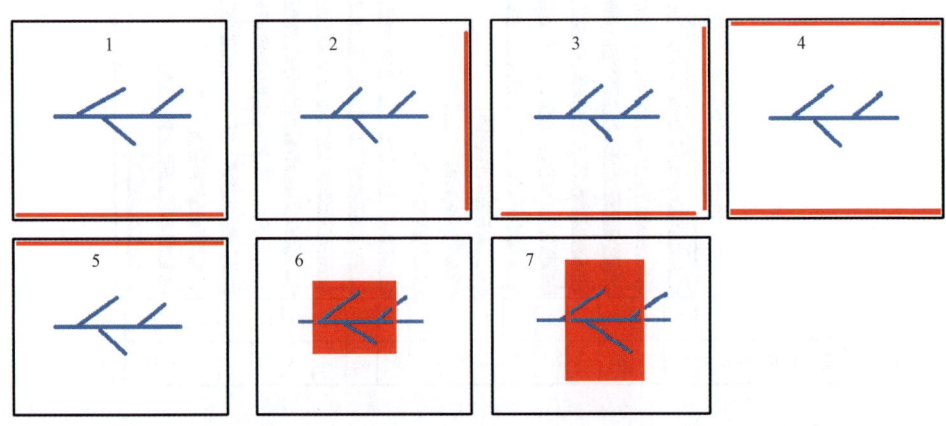

图 3-44　鱼骨状分支水平井与油藏边界配置关系示意图
边界 1—前侧定压;边界 2—右侧定压;边界 3—前侧、右侧定压;边界 4—前后定压;
边界 5—后侧定压;边界 6—底水 1(小水体);边界 7—底水 2(较大水体)

图 3-45 为实验结果,可以看出,对于一面为定压边界的情况(边界 1、边界 2、边界 5),水平井或分支井垂直于定压边界比平行于定压边界时产能略高一些,主要原因是井筒端部的贡献比中部的贡献大。对于一面为定压边界的情况(边界 1、边界 5),当定压边界位于鱼骨状分支水平井分支数较多的一侧时,产能较小,主要原因是分支间存在干扰,不能完全发挥定压边界对产能提高所产生的有利影响。对于两面为定压边界的情况(边界 3、边界 4),水平井或分支井在平行定压边界时比相邻定压边界时产能高,产能比一面定压时提高 30%~40%。底水油藏水平井或分支井产能明显比垂直定压边界的产能高,水体大小对产能有影响,但是与底水面积并不成正比。

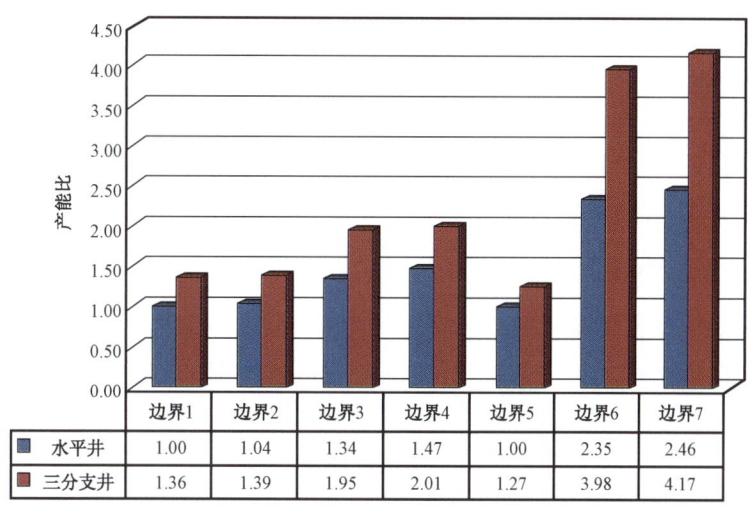

图 3-45 不同边界性质对鱼骨状分支水平井产能的影响

# 第四章 鱼骨状分支水平井增产机理

## 第一节 鱼骨状分支水平井井形参数优化理论分析

研究表明,井形参数(分支长度、分支角度、分支数目、分支间距)是影响鱼骨状分支水平井单井产能的重要因素,增加以上任何一个井形参数,都会对鱼骨状分支水平井带来一定的增产效果,但由于它们之间存在着严重的相互干扰和影响,很难简单界定哪种因素对最终产能的影响更为显著。因此,本节将对各井形参数对鱼骨状分支水平井泄油面积、主井筒产能、分支井筒产能的影响程度进行分析,从理论上分析鱼骨状分支水平井的增产机理和优化原则。

### 一、井形参数对泄油面积的影响

增加泄油面积是鱼骨状分支水平井相比于常规直井、水平井的重要增产机理,无论增加分支长度、分支角度,还是增加分支数目、分支间距都能够使泄油面积得到增加。假设主井筒500m,分支夹角30°,分支长度150m的2分支井为基础井型,分支长度增加100m,分支数目增为3分支,分支角度增加30°以及分支间距增加50m的情况下的压力分布变化图如图4-1所示。从图中可以看出,增加分支长度对泄油面积影响最大,增加分支数目和分支角度的影响相似,而增加分支间距影响最小。如果将增加泄油面积视为鱼骨状分支水平井增产的动力因素,在这一因素中,分支长度起到了至关重要的作用,分支数目、分支角度次之。

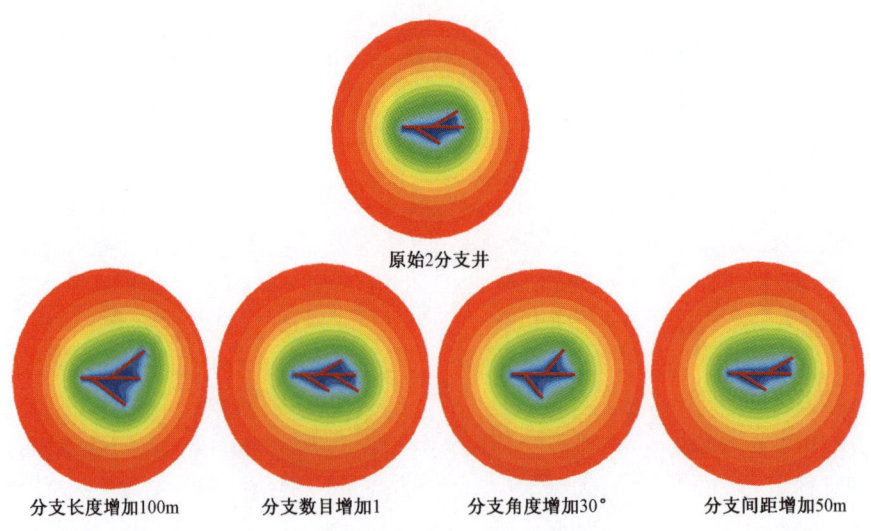

图4-1 鱼骨状分支水平井泄油面积分布图

## 二、井形参数对产出剖面影响

改变井型参数虽然能够带来泄油面积的改善,但同时也会对主井筒、分支井筒的产能以及沿井筒产出剖面产生相当大的影响。仍然采用以上基础井型作为研究对象,以改变分支长度为例,对主井筒以及分支井筒产出剖面进行研究。

### 1. 主井筒产出剖面影响

2分支鱼骨状分支水平井主井筒产出剖面如图4-2所示,在分支井筒长度从50m增加到300m的过程中,开分支点位置之前的产出剖面曲线变化不大,而开分支点位置之后,由于受到分支井筒的严重干扰,主井筒单位长度流入量不断减小,产出剖面曲线明显下移,主井筒产能下降。类似的,增加分支数目,同样会导致主井筒产能的下降,而增加分支角度、分支间距,则会减小对主井筒的干扰,使得主井筒产能增加。如果将干扰所导致的主井筒产能减小视为鱼骨状分支水平井增产的阻力,在这一因素中,分支长度影响最大,分支数目次之。

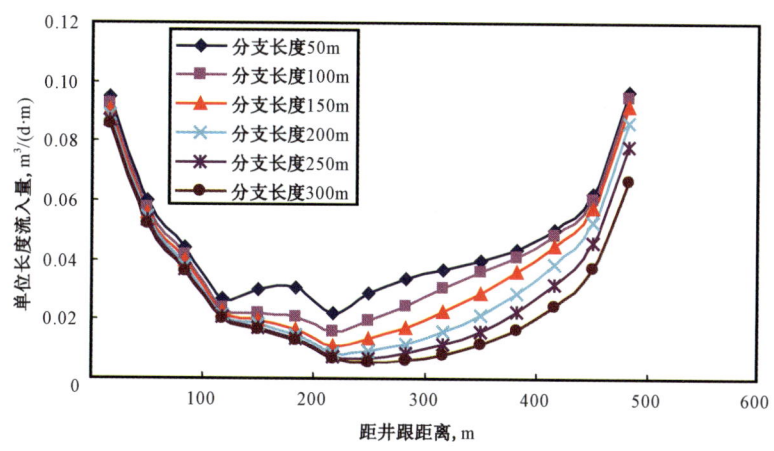

图4-2 鱼骨状分支水平井主井筒产出剖面图

### 2. 分支井筒产出剖面影响

2分支鱼骨状分支水平井分支井筒产出剖面如图4-3所示,在分支井筒长度从50m增加到300m的过程中,分支井筒产出剖面形状没有发生很大改变,因此,分支井筒产能的增加主要是由于增加了钻井进尺所带来的。如果将增加钻井进尺视为鱼骨状分支水平井增产的另一个动力因素,在这一因素中,分支长度、分支数目的增加起到了关键作用,分支角度、分支间距则没有影响。

## 三、鱼骨状分支水平井产能构成综合分析

通过以上分析,将井型参数对鱼骨状分支水平井产能的影响归结为泄油面积变化、主井筒受到的干扰以及钻井进尺变化,而为了进一步对其进行综合评价,可以将这3种变化分别归为鱼骨状分支水平井的增产动力、增产阻力两大部分。增加分支长度、分支数目、分支角度、分支间距对增产动力、增产阻力的影响以及多种因素对鱼骨状分支水平井产能的影响程度见表4-1。从表中可以看出分支长度影响最大,其后依次是分支数目、分支角度和分支间距。

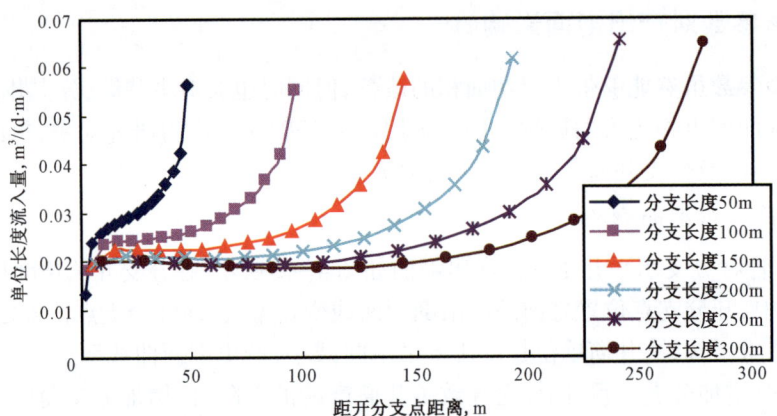

图4-3 鱼骨状分支水平井分支井筒产出剖面图

表4-1 鱼骨状分支水平井井型参数表

| 项目 | 增加泄油面积 | 干扰主井筒 | 增加钻井进尺 | 综合评价 |
|---|---|---|---|---|
| 分支长度 | +++ | -- | +++ | +++++ |
| 分支数目 | ++ | - | +++ | ++++ |
| 分支角度 | ++ | + | 0 | +++ |
| 分支间距 | + | + | 0 | ++ |

注:"+"代表增产动力,"-"代表增产阻力,"0"代表无影响

因此,在以单井产能为优化目标对鱼骨状分支水平井进行井形优化时,应首先考虑分支长度、其次考虑分支数目,在满足前两者的基础上考虑分支角度的影响,分支间距在优化过程中可适当弱化。

# 第二节 鱼骨状分支水平井不同分支参数对增产因素的影响

通过研究分析可知,增加泄油面积、增加钻井进尺和对主井筒的干扰是影响鱼骨状分支水平井产能的决定因素,为了研究不同分支参数对增产因素的影响,分别将分支长度、分支角度、分支数目、分支间距对3个增产要素的影响进行计算,并分析不同分支参数对增产因素的影响。

## 一、数据计算与回归

分别选取不同的分支长度(50~250m)、分支角度(15°~90°)、分支数目(2分支~6分支)、分支间距(60~100m)进行计算,利用鱼骨状分支水平井产能预测模型分别计算不同情况下鱼骨状分支水平井的泄油面积、主井筒产量、分支井筒产量。

为了将不同分支参数对各增产动力因素和增产阻力因素的影响进行综合对比,定义3个无因次值作为对比的参考值,即无因次泄油面积,无因次增产系数,无因次干扰系数。其中无因次泄油面积定义为鱼骨状分支水平井的泄油面积与水平井单独生产时的泄油面积的比值;

无因次增产系数定义为鱼骨状分支水平井所有分支的产量之和与主井筒单独生产时产量的比值；无因次干扰系数定义为鱼骨状分支水平井主井筒产量与主井筒单独生产时产量的比值。

分别将分支长度、分支角度、分支数目和分支间距作为输入参数（$x_1,x_2,x_3,x_4$），将无因次泄油面积、无因次增产系数和无因次干扰系数作为输出参数（$y_1,y_2,y_3$），进行多参数的非线性回归。

无因次泄油面积的回归模型为：

$$y_1 = a + a_1x_1 + a_2x_2 + a_3x_3 + a_4x_4 + a_5x_1x_4 + a_6x_1x_2 + a_7x_2x_3 + a_8x_2x_4 \quad (4-1)$$

其中，$a=1.0840, a_1=-0.1338, a_2=0.0073, a_3=-0.0024, a_4=-0.0062, a_5=0.0028, a_6=-0.0006, a_7=0.0001, a_8=-0.0001$。

无因次增产系数的回归模型为：

$$y_1 = a + a_1x_1 + a_2x_2 + a_3x_3 + a_4x_4 + a_5x_1x_4 \quad (4-2)$$

其中，$a=0.9919, a_1=-0.1350, a_2=-0.0011, a_3=-0.0005, a_4=-0.0024, a_5=0.0015$。

无因次干扰系数的回归模型为：

$$y_1 = a + a_1x_1 + a_2x_2 + a_3x_3 + a_4x_4 + a_5x_2x_4 \quad (4-3)$$

其中，$a=-0.0443, a_1=0.2077, a_2=0.0170, a_3=-0.0029, a_4=-0.0073, a_5=0.0015$。

3个模型的误差分别为 $\sigma^2=0.0069$，$\sigma^2=0.0023$ 和 $\sigma^2=0.0201$，能够满足回归的精度。

## 二、不同分支参数对增产因素的影响

利用计算数据回归的模型，可以应用于鱼骨状分支水平井增产因素的敏感性分析，下面将分别对影响增产效果的主要因素分支长度、分支角度、分支数目进行敏感性分析，探讨不同分支参数对鱼骨状分支水平井增产因素的影响。

**1. 对无因次泄油面积的影响**

设定分支角度为45°，改变分支长度、分支数目的大小，鱼骨状分支水平井无因次泄油面积的变化如图4-4所示。

设定分支数目为3，改变分支长度、分支角度的大小，鱼骨状分支水平井无因次泄油面积的变化如图4-5所示。

从图中可以看出，随着分支长度的增加，鱼骨状分支水平井的无因次泄油面积呈线性增加，同时，分支角度越大或分支数目越多，分支长度对无因次泄油面积的影响越大。当分支长度较小时，无论分支数目、分支角度大小，无因次泄油面积趋近于1。

设定分支长度为100m，改变分支角度、分支数目的大小，鱼骨状分支水平井无因次泄油面积的变化如图4-6所示。

从图中可以看出，随着分支角度的增加，无因次泄油面积也呈线性增加，但相比于分支长度，分支角度对无因次泄油面积的影响较小，同样，当分支角度很小时，无论分支长度、分支数目大小，无因次泄油面积趋近于1。

设定分支角度为45°，改变分支数目、分支长度的大小，鱼骨状分支水平井无因次泄油面积的变化如图4-7所示。

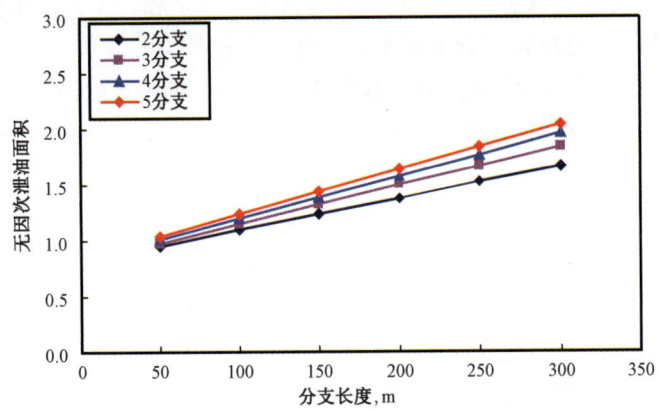

图4-4　鱼骨状分支水平井分支长度对无因次泄油面积的影响(一)

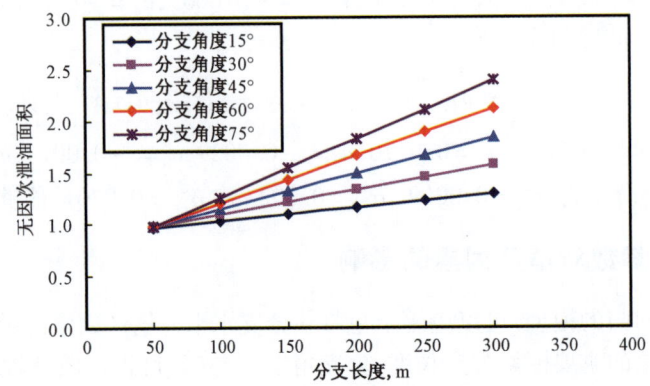

图4-5　鱼骨状分支水平井分支长度对无因次泄油面积的影响(二)

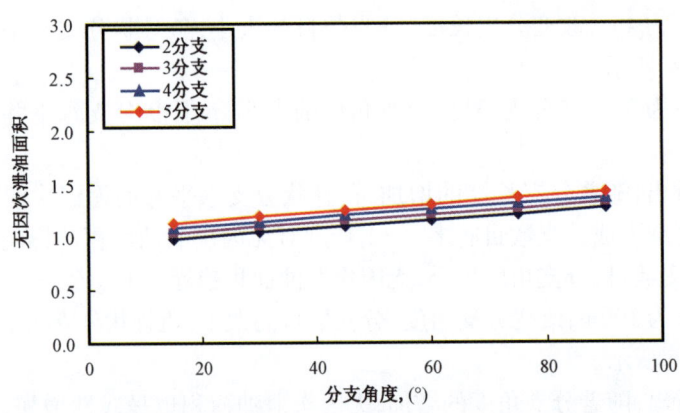

图4-6　鱼骨状分支水平井分支角度对无因次泄油面积的影响

设定分支长度为150m,改变分支数目、分支角度的大小,鱼骨状分支水平井无因次泄油面积的变化如图4-8所示。

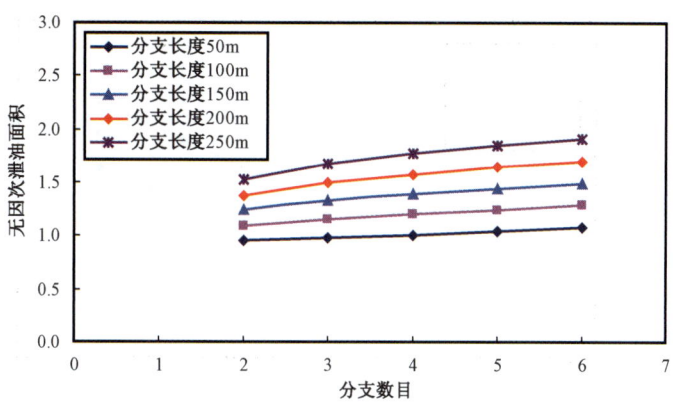

图4-7 鱼骨状分支水平井分支数目对无因次泄油面积的影响(一)

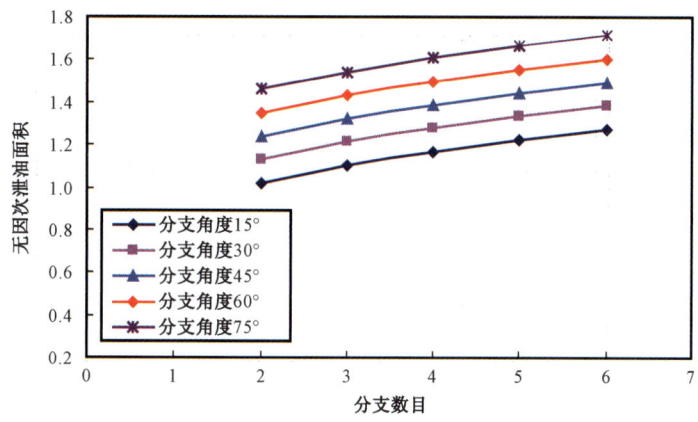

图4-8 鱼骨状分支水平井分支数目对无因次泄油面积的影响(二)

从图中可以看出,随着分支数目的增加,鱼骨状分支水平井的无因次泄油面积增加,但增加的幅度逐渐减小。分支角度对增幅趋势的影响明显大于分支长度的影响,这也说明要想通过增加分支数目来达到扩大泄油面积的目标,必须选用比较大的分支角度来进行井型设计。

综合以上分析可以看出,分支长度和分支数目对鱼骨状分支水平井无因次泄油面积施加了巨大的影响,要想获得比较好的无因次泄油面积,就必须选择较大的分支数目或者较多的分支数目,分支角度则主要起到了减小分支间干扰的作用,放大了增加分支长度或者分支数目的效果。但是当分支角度小于15°或者分支长度小于50m时,无论其他分支参数如何变化,鱼骨状分支水平井的无因次泄油面积趋近于1。

2. 对无因次增产系数的影响

设定分支角度为45°,改变分支长度、分支数目的大小,鱼骨状分支水平井无因次泄油面积的变化如图4-9所示。

设定分支数目为3,改变分支长度、分支角度的大小,鱼骨状分支水平井无因次泄油面积的变化如图4-10所示。

· 95 ·

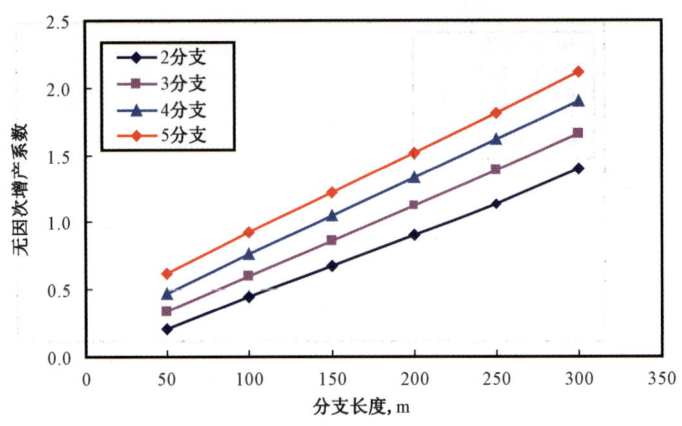

图 4-9 鱼骨状分支水平井分支长度对无因次增产系数的影响（一）

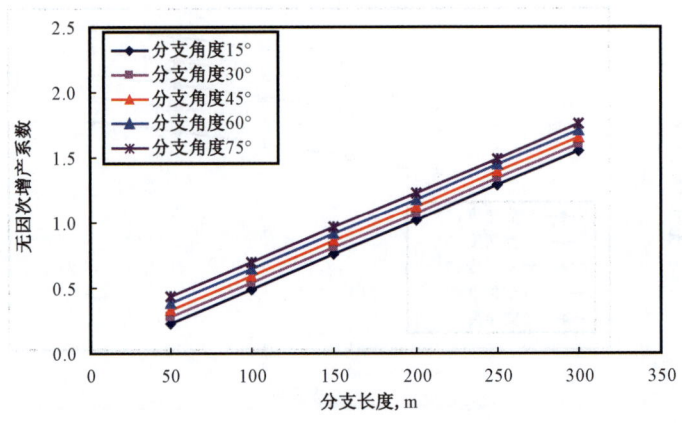

图 4-10 鱼骨状分支水平井分支长度对无因次增产系数的影响（二）

从图中可以看出，随着分支长度的增加，鱼骨状分支水平井的增产系数呈线性增加，分支数目越多或分支角度越大，无因次增产系数的增加就越明显。

设定分支长度为100m，改变分支角度、分支数目的大小，鱼骨状分支水平井无因次增产系数的变化如图 4-11 所示。

从图中可以看出，分支角度的增加在一定程度上增加了鱼骨状分支水平井的无因次增产系数，但是增幅很小，当分支数目较小时，分支角度几乎不能带来无因次增产系数的增加。

设定分支角度为45°，改变分支数目、分支长度的大小，鱼骨状分支水平井无因次增产系数的变化如图 4-12 所示。

设定分支长度为150m，改变分支数目、分支角度的大小，鱼骨状分支水平井无因次增产系数的变化如图 4-13 所示。

从图中可以看出，增加分支数目可以显著增加鱼骨状分支水平井的无因次增产系数，且增加幅度越来越大。分支长度对曲线的影响比分支角度的影响更为明显。

综合以上分析可以看出，分支长度和分支数目对鱼骨状分支水平井无因次增产系数的主要因素，通过增加分支长度和分支数目，可以最为直接地增加井筒与储层的接触，提高分支产

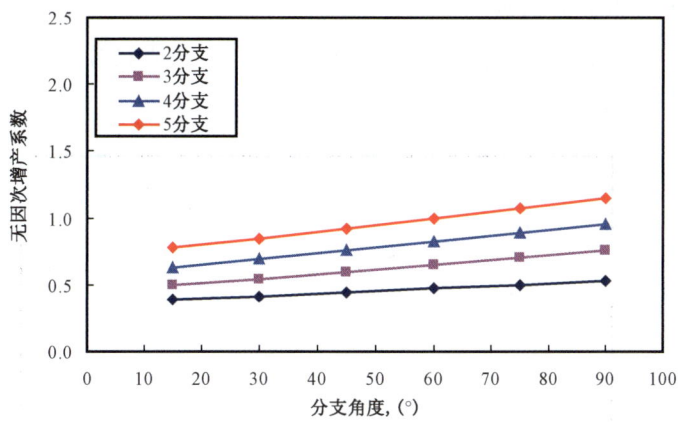

图 4-11　鱼骨状分支水平井分支角度对无因次增产系数的影响

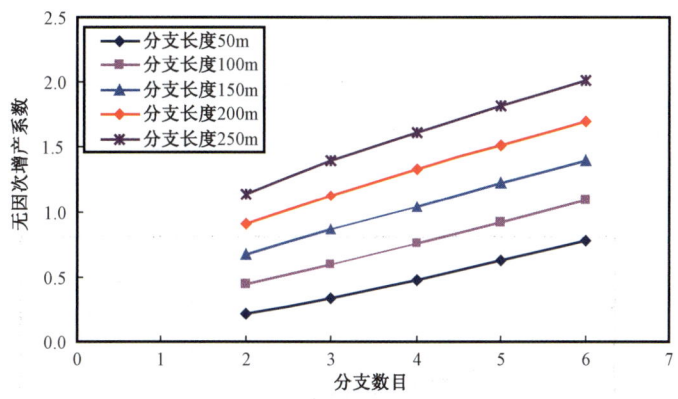

图 4-12　鱼骨状分支水平井分支数目对无因次增产系数的影响（一）

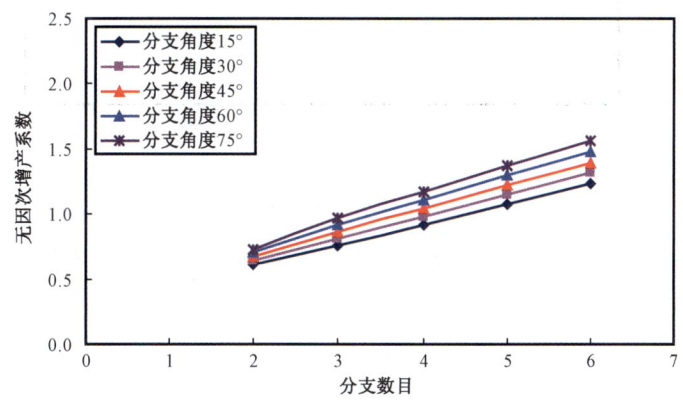

图 4-13　鱼骨状分支水平井分支数目对无因次增产系数的影响（二）

量。通过增加分支角度，尽管不能直接增加井筒与储层的接触，但是可以减小分支井筒与主井筒之间的干扰，在一定程度上影响鱼骨状分支水平井的无因次增产系数。

## 3. 对无因次干扰系数的影响

设定分支角度为45°，改变分支长度、分支数目的大小，鱼骨状分支水平井无因次泄油面积的变化如图4-14所示。

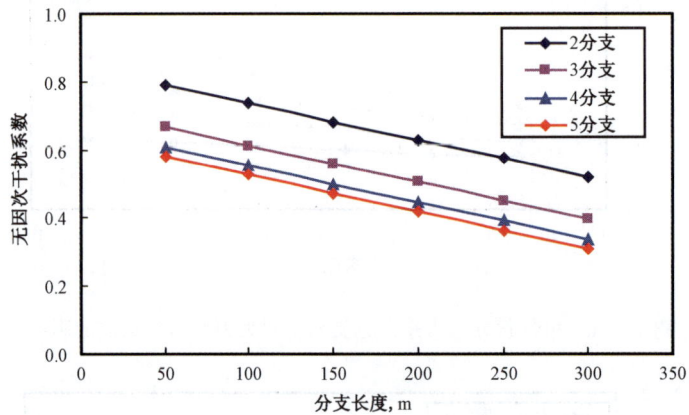

图4-14　鱼骨状分支水平井分支长度对无因次干扰系数的影响（一）

设定分支数目为3，改变分支长度、分支角度的大小，鱼骨状分支水平井无因次泄油面积的变化如图4-15所示。

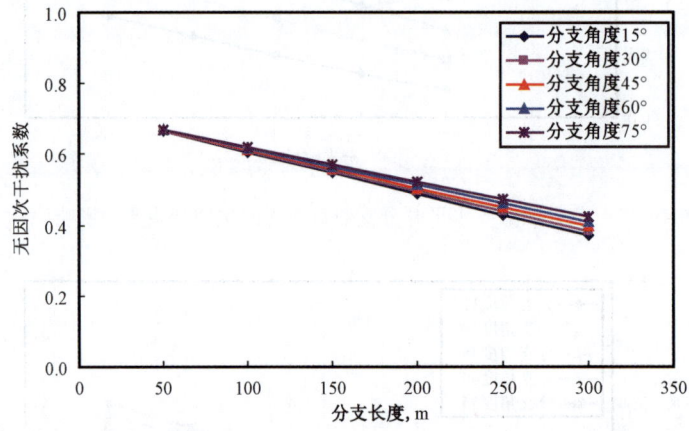

图4-15　鱼骨状分支水平井分支长度对无因次干扰系数的影响（二）

从图中可以看出，随着分支长度的增加，鱼骨状分支水平井的无因次干扰系数逐渐减小，说明鱼骨状分支水平井主井筒受到的干扰逐步增加，且分支数目越多，无因次干扰系数越小，主井筒受到的干扰越大，变化趋势明显，分支角度越大，无因次干扰系数越大，主井筒受到的干扰越小，但曲线变化趋势较小。

设定分支长度为100m，改变分支角度、分支数目的大小，鱼骨状分支水平井无因次干扰系数的变化如图4-16所示。

从图中可以看出，随着分支角度的增加，鱼骨状分支水平井的无因次干扰系数增加，相应地干扰程度减小，当分支数目较小时，增大分支角度对无因次干扰系数的影响较小，但分支数

# 第四章 鱼骨状分支水平井增产机理

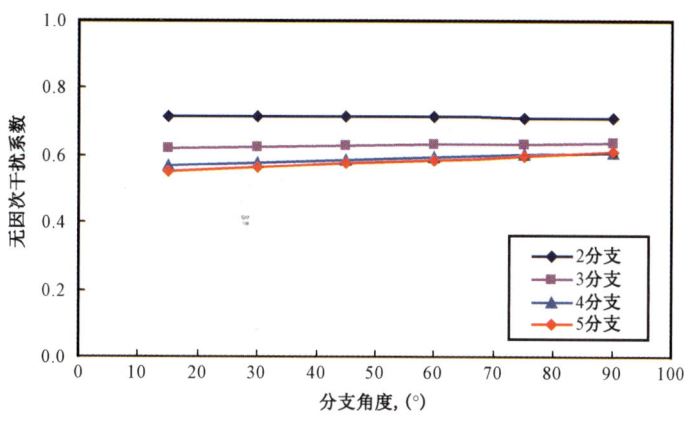

图4-16 鱼骨状分支水平井分支角度对无因次干扰系数的影响

目较大时,增大分支角度会明显降低鱼骨状分支水平井的分支井筒对主井筒的干扰。因此,从降低井筒间干扰的角度来讲,分支数目越多,越应该选择较大的分支角度进行设计。

设定分支角度为45°,改变分支数目、分支长度的大小,鱼骨状分支水平井无因次增产系数的变化如图4-17所示。

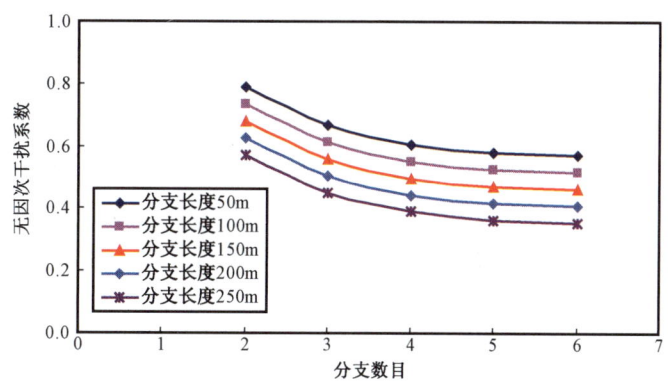

图4-17 鱼骨状分支水平井分支数目对无因次干扰系数的影响(一)

设定分支长度为150m,改变分支数目、分支角度的大小,鱼骨状分支水平井无因次增产系数的变化如图4-18所示。

从图中可以看出,增加分支数目,鱼骨状分支水平井的无因次干扰系数降低,相应地干扰影响加大,但是当分支数目增加到4分支以后,鱼骨状分支水平井无因次干扰系数的降低幅度明显减缓。同时,分支长度和分支角度也对曲线的趋势产生一定的影响。

综合以上分析可以看出,随着分支数目和分支长度的增加,鱼骨状分支水平井无因次干扰系数降低,相应地,分支井筒对主井筒的干扰程度加大,随着分支角度的增加,可以减轻分支井筒对主井筒的干扰。当分支数目小于3分支时,分支角度对鱼骨状分支水平井无因次干扰系数的影响较小,因此,当设计3分支以上的分支井时,分支角度对于降低井筒间干扰的作用非常明显,应予以充分考虑。

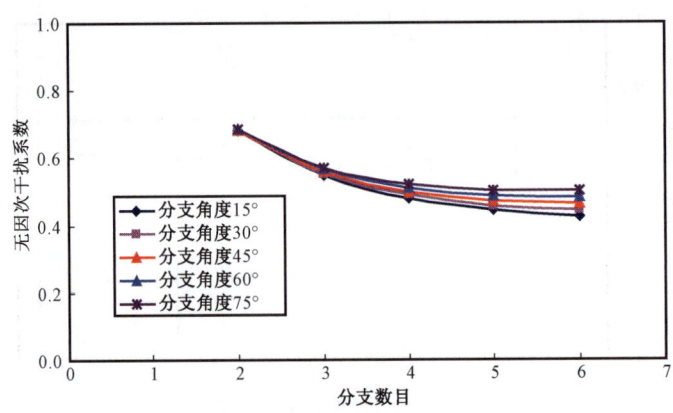

图4-18　鱼骨状分支水平井分支数目对无因次干扰系数的影响(二)

## 三、分支展布形式对鱼骨状分支水平井增产效果的影响

分支井筒的展布是鱼骨状分支水平井增产的主要因素,通过设计不同的分支参数,得到不同类型的分支展布形式,能够分别对鱼骨状分支水平井的无因次泄油面积、无因次增产系数和无因次干扰系数产生影响。为了综合研究分支展布形式对鱼骨状分支水平井增产效果的影响,本节采用分支井筒总长度和无因次泄油面积作为变量,研究这两个参数对无因次增产系数和无因次干扰系数的影响。

利用鱼骨状分支水平井产能预测模型进行不同分支展布下的产能计算,获得分支参数、泄油面积、分支井筒产量和主井筒产量,利用上一节定义的计算方法,分别得到各种情况下的分支井筒总长及其相应的无因次泄油面积、无因次增产系数和无因次干扰系数。将分支井筒总长($x_1$)和无因次泄油面积($x_2$)作为输入参数,无因次增产系数($y_1$)和无因次干扰系数($y_2$)作为输出参数进行资料回归,可以得到以下两组方程。

无因次增产系数的回归模型为：

$$y_1 = a + a_1 x_1 + a_2 x_2 + a_3/x_1 + a_4/x_2 \qquad (4-4)$$

其中,$a = -0.17313$,$a_1 = 0.001426$,$a_2 = 0.333104$,$a_3 = 18.3351$,$a_4 = 0.162396$。

无因次干扰系数的回归模型为：

$$y_1 = a + a_1 x_1 + a_2 x_2 + a_3/x_1 + a_4/x_2 \qquad (4-5)$$

其中,$a = 0.141167$,$a_1 = 0.00009472$,$a_2 = -0.00066$,$a_3 = 44.107$,$a_4 = 0.261113$。

**1. 对无因次增产系数的影响**

假设分支总长度分别为150m,300m,450m,600m,750m和900m,利用回归方程计算不同泄油面积下的无因次增产系数,结果如图4-19所示。

假设无因次泄油面积分别为1.0,1.2,1.4,1.6,1.8,2.0和2.2,利用回归方程计算不同泄油面积下的无因次增产系数,结果如图4-20所示。

从图中可以看如,当分支总长度固定的时候,随着无因次泄油面积的增加,无因次增产系

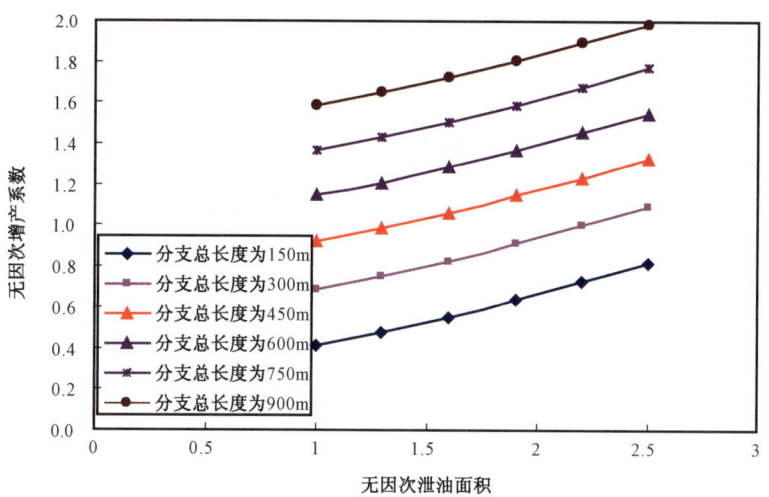

图 4-19　鱼骨状分支水平井无因次泄油面积对无因次增产系数的影响

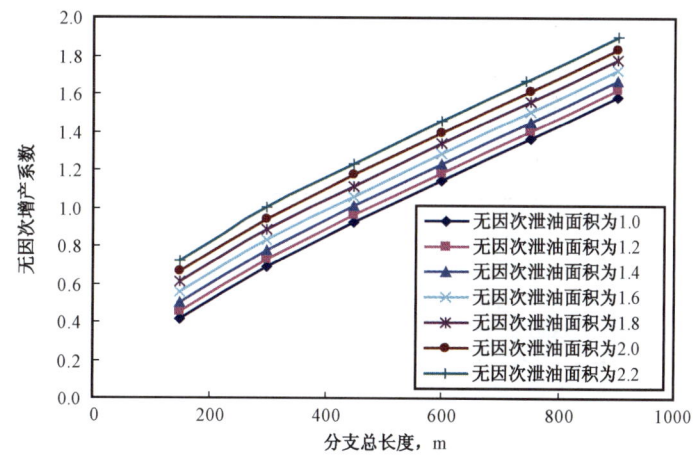

图 4-20　鱼骨状分支水平井分支总长度对无因次增产系数的影响

数迅速增大,且增幅不断加大。即相同分支总长度的前提下,通过分支参数的合理优化,可以在最大程度上获得理想的无因次泄油面积,从而增大无因次增产系数,提高鱼骨状分支水平井的产量。当无因次泄油面积固定的时候,随着分支总长的增加,无因次增产系数增加,但增幅逐渐减缓。即相同无因次泄油面积的前提下,结合钻井因素和经济因素,可以综合确定合理的分支总长。

**2. 对无因次干扰系数的影响**

假设分支总长度分别为 150m,300m,450m,600m,750m 和 900m,利用回归方程计算不同泄油面积下的无因次干扰系数,结果如图 4-21 所示。

假设无因次泄油面积分别为 1.0,1.2,1.4,1.6,1.8,2.0 和 2.2,利用回归方程计算不同泄油面积下的无因次干扰系数,结果如图 4-22 所示。

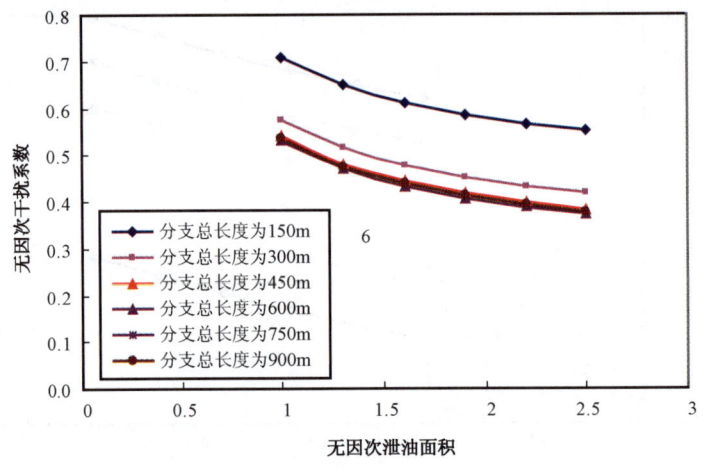

图4-21 鱼骨状分支水平井无因次泄油面积对无因次干扰系数的影响

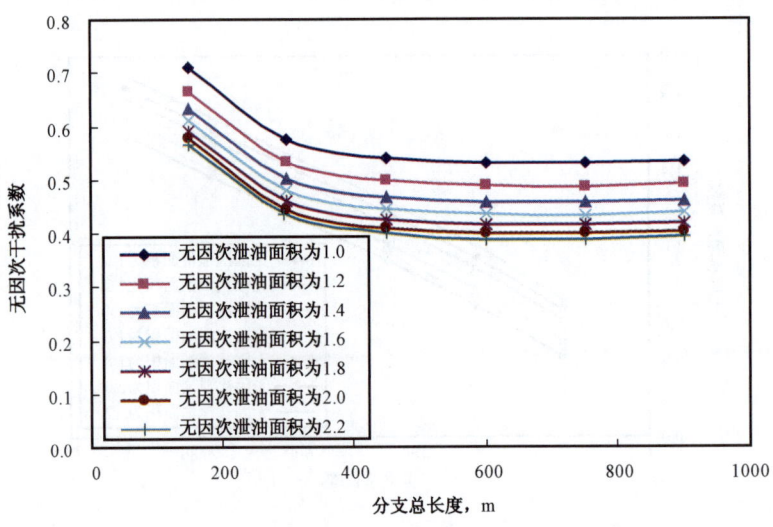

图4-22 鱼骨状分支水平井分支总长度对无因次干扰系数的影响

从图中可以看如,当分支总长度固定的时候,随着无因次泄油面积的增加,无因次干扰系数迅速降低,相应地对主井筒的干扰增大,因此,分支总长度固定的情况下,增加泄油面积是"双刃剑",一方面可以大幅度提高无因次增产系数,另一方面也会大幅降低无因次干扰系数。

当无因次泄油面积固定时,增加分支总长度,无因次干扰系数迅速降低,相应对主井筒的干扰增大,但分支总长度超过400m后,分支总长度对无因次干扰系数的影响减弱,无因次干扰系数随分支总长度的变化变得平稳。

# 第五章 鱼骨状分支水平井水驱规律

## 第一节 水驱油藏水线推进机理

对于水驱油藏而言,油井水淹见水对油井产量及开发效果会产生很大影响。由于水源类型(点源或线源)和油井类型(直井、水平井或鱼骨状分支水平井)的不同,油井的水淹特征及见水规律存在差异。分析水驱油藏水线突进直至突破油井的规律,揭示水线突破原因和机理,可以从本质上把握单井或井网的设计原则,扩大水驱油藏波及系数,达到改善和提高水驱油藏开发效果的目的。

### 一、线状水源水线推进规律

对于常规的边水油藏,或者排状的注水井及井网单元中的注水平井,相对于采油井而言,可以构成线性的注水水源。本节以边水为例,讨论直井、水平井及鱼骨状分支水平井开采情况下的水线推进规律。

研究中采用均质概念模型,模型参数为:网格规模 $160 \times 161 \times 1$,网格尺寸 $10m \times 10m \times 8m$;油藏埋深 $1300m$,储层孔隙度 $0.35$,渗透率 $2150mD$,流体高压物性及相渗曲线取自胜利油区埕北 201 区块测试资料;生产井位于模型中心,水平井生产时,水平井长度为 $600m$;鱼骨状分支水平井生产时,设计为 2 分支水平井,主支长 $600m$,分支长 $300m$,分别位于主支异侧的 $1/3$ 和 $2/3$ 处,分支角度 $30°$。通过油藏数值模拟技术研究水线推进规律,重点讨论了边水驱与直井、短水平井、长水平井、鱼骨状分支水平井 4 种情况下水线的推进规律与特征。

1. 边水驱 + 直井采

图 5-1 为线状边水驱直井生产情况下初始时刻和见水时刻的等压线与饱和度场分布图。分析表明,对于边水驱 + 直井采情况,投产初期边水附近等压线近似为一组平行于边水的并行线,生产井周围等压线为一组以井点为圆心的同心圆,两组等压线相互不影响[图 5-1(a)]。随着油井的不断生产,注采两压力场不断向外传播,直至相交后出现了相互干扰,边水附近的等压线由并行线变为上凸的曲线,生产井附近的等压线由圆变椭,且背向水源方向等压线变稀,反映了边水突进过程中压力场的改造[图 5-1(b)]。结合见水时的等压线和饱和度场[图 5-1(c)]可以看出,水线突进的方向与等压线中沿压力下降最快的方向一致,突进位置为过源汇两压力场外围等压线距离最近点。水线突进速度较快,突破前缘形态尖锐,油井见水时刻水驱波及面积不大。

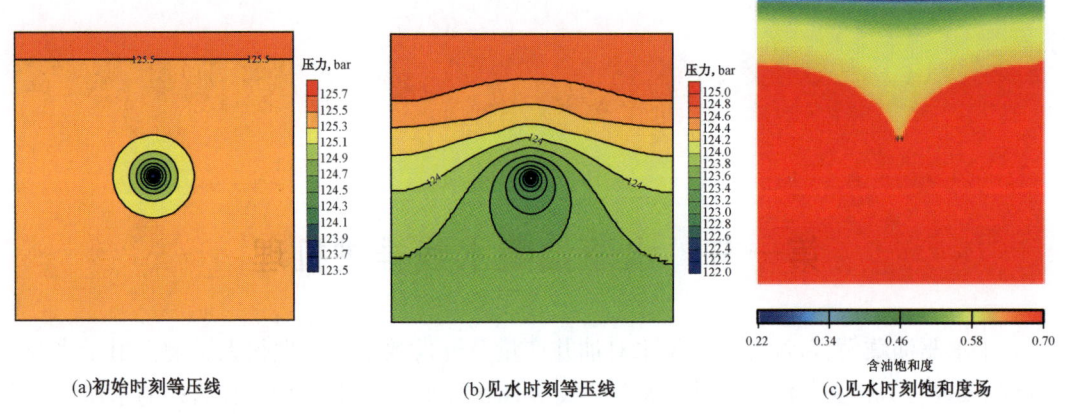

(a)初始时刻等压线　　　　　(b)见水时刻等压线　　　　　(c)见水时刻饱和度场

图 5-1　线状边水驱+直井采等压线及水淹图

**2. 边水驱+短水平井采**

当把直井改为短水平井时,投产初期边水附近的等压线为一组并行线,水平井附近等压线为一组椭圆(在摩阻很小的情况下)。由于水平井的泄油面积大,边水加短水平井生产投产初期,边水附近的等压线受水平井流场的轻微影响而变形,并行线凹向水平井一定的弧度[图 5-2(a)]。随着水平井生产的进行,两压力场者之间的相互影响加大,水平井附近的等压线逐步发散。结合见水时刻的等压线[图 5-2(b)]和见水时刻的饱和度场[图 5-2(c)]可以看出,水平井中间先发生边水突破,水线突进的方向与等压线场中沿压力梯度下降最快的方向一致,突进位置为过源汇两压力场外围等压线距离最近点。与直井开采不同的是,边水突进前缘变得更加平缓,突破时的水淹面积增大。

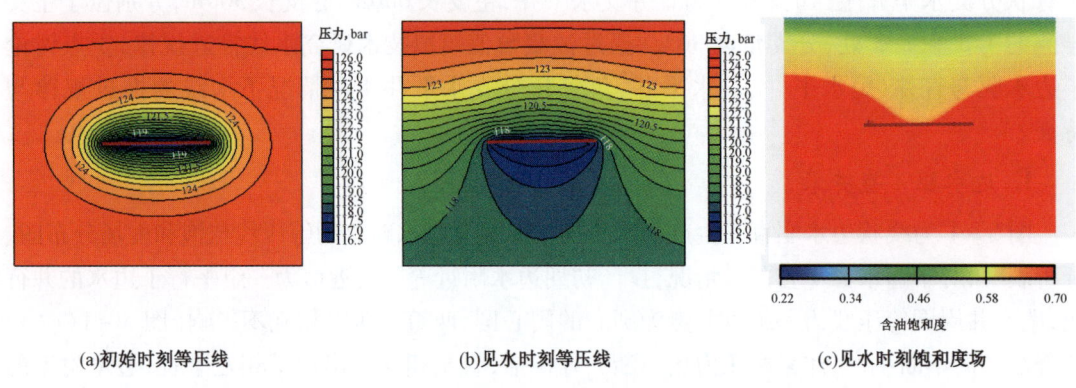

(a)初始时刻等压线　　　　　(b)见水时刻等压线　　　　　(c)见水时刻饱和度场

图 5-2　边水驱+短水平井采等压线及水淹图

**3. 边水驱+长水平井采**

当水平井长度增大到模型两端边界时,边水加长水平井的等压线始终为一组平行的直线[图 5-3(a)]。此时,沿水平井方向注采压力场之间的压力梯度大小和方向一致,水线均匀推进[图5-3(b)、(c)],水平井整体水淹。但水线推进的方向仍可看做与等压线中沿压力梯度下降最快的方向一致,突进位置为过源汇两压力场外围等压线距离最近点。

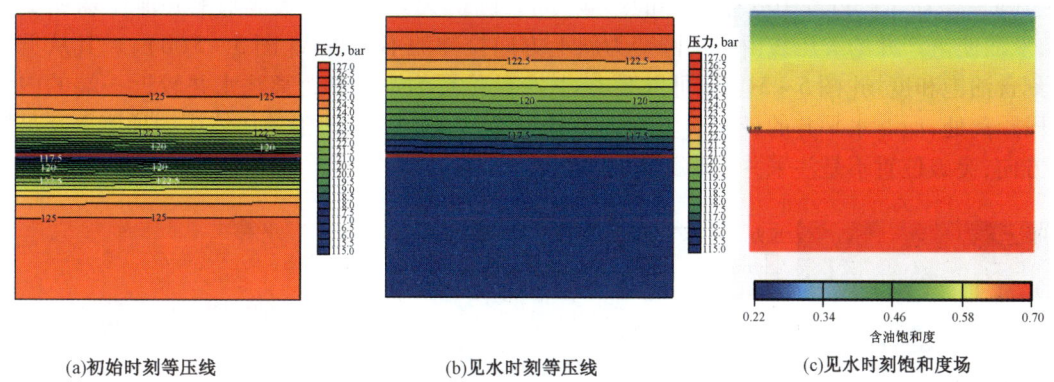

图5-3　边水驱+长水平井采等压线及水淹图

### 4. 边水驱+鱼骨状分支水平井采

受鱼骨状分支水平井周围非对称等压线的影响[图5-4(a)],在边水的作用下,与水平井对比,鱼骨状分支水平井附近的等压线发生一定角度的偏转,也不再对称[图5-4(b)],从而导致朝向边水一侧的分支靠近末端部位(而未到末端处)先见水[图5-4(c)]。水线突进的方向仍与等压线中沿压力梯度下降最快的方向一致,突进位置为过源汇两压力场外围等压线距离最近点。

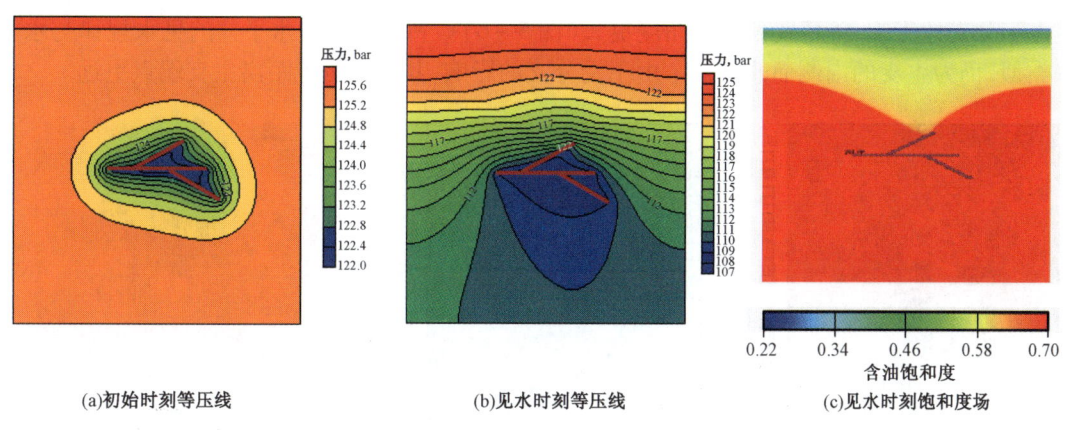

图5-4　边水驱+鱼骨状分支水平井采等压线及水淹图

## 二、点状水源水线推进规律

点状水源水线推进原则与线状水源一致,由于注水源性质及生产井型的不同,源与汇两压力场的分布不同,导致不同注采配置条件下的水线推进规律不同。规律研究中所用的模型参数与线状水源相同。

1. 直井注水+水平井采

对于水平井斜上方一口注水直井,投产初期,点状水源注水的等压线为一组同心圆[图5-5(a)]。在生产过程中受生产井的影响,同心圆扩大并与椭圆状地水平井泄压场相交干扰,从而使生产井的等压线由一椭圆变为斜上方向拉伸的不规则状[图5-5(b)]。其从见水时刻含油饱和度场[图5-5(c)]可以看出,其突破位置为水平井距离注水井较近一端的内侧一段距离处,而非水平井的最左端。由此表明,水线突进的方向为沿等压线压力梯度下降最快的方向,突破位置不是注采井之间距离最短处。

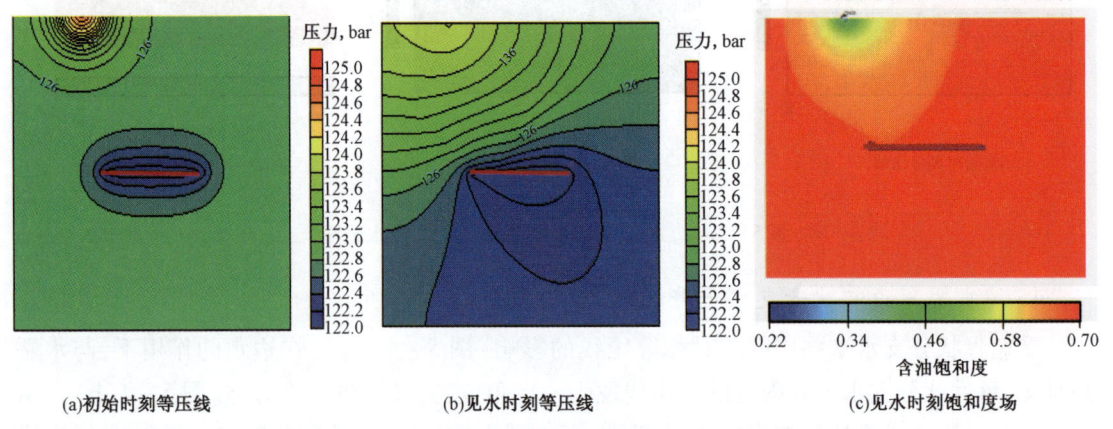

(a)初始时刻等压线　　(b)见水时刻等压线　　(c)见水时刻饱和度场

图5-5　直井注水+水平井采等压线及水淹图

2. 直井注水+鱼骨状分支水平井采

直井注水+鱼骨状分支水平井采情况下的等压线变化与直井注水+水平井开采类似,只是由于分支的影响,等压线偏转的角度更大(图5-6)。鱼骨状分支水平井的见水规律与水平井类似,仍为主支的内侧而非端点。由于受分支的影响,其见水位置距离主支端点更远。

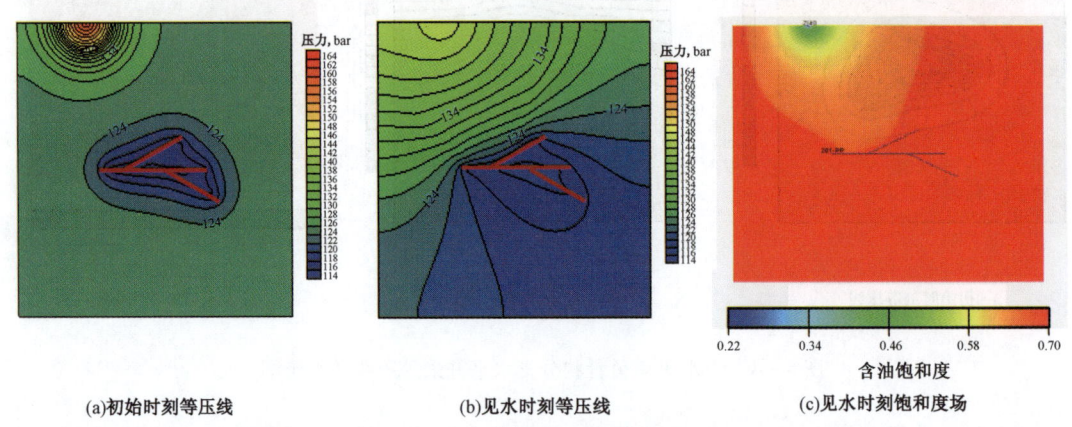

(a)初始时刻等压线　　(b)见水时刻等压线　　(c)见水时刻饱和度场

图5-6　直井注水+鱼骨状分支水平井采等压线及水淹图

### 三、水线突破油井机理

以上简单分析了不同水源性质和不同及生产井型条件下的水驱规律和特点,明确了彼此之间的差异。下面根据不同注水位置鱼骨状分支水平井与水平井见水位置的变化分析水线突破油井机理。根据注水井与生产井的配置关系,从左到右设计了5个注水位置,注水井为直井,生产井为鱼骨状分支水平井或水平井。由于分支的存在,鱼骨状分支水平井的等压线相对于普通水平井的发生了偏转,因此其水线突破规律和见水位置也发生了变化。

(1)注水位置1(图5-7)。

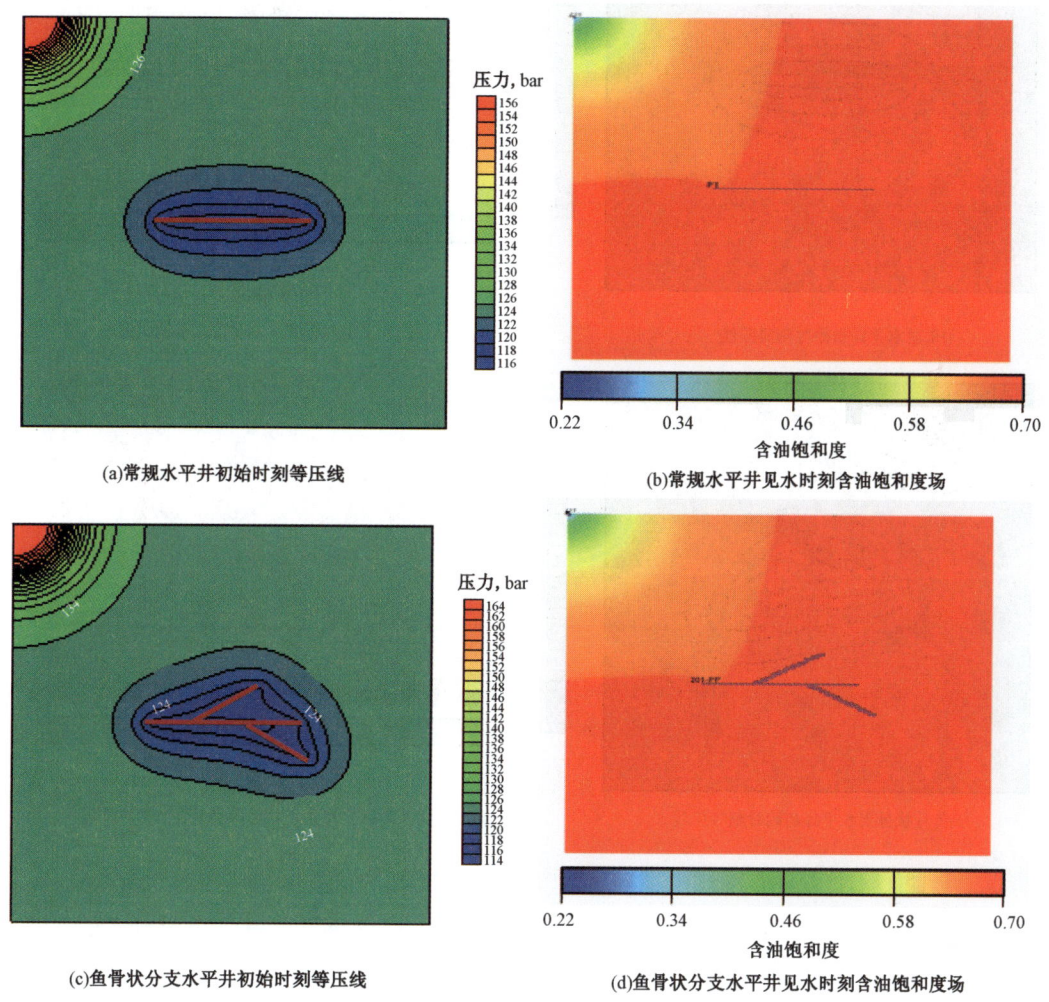

图5-7 位置1注水时鱼骨状分支水平井与常规水平井等压线及饱和度场

由于分支的存在,使得鱼骨状分支水平井等压线向两分支方向凸起,泄油范围内由水平井标准的椭圆形变为近三角形。这一方面改变了近井流场的方向,使得流线向分支延伸方向偏转,从而改变了水线突进的方向和油井见水的位置;另一方面由于注水井压力场与生产井压力场的配置关系发生变化,鱼骨状分支水平井扩大的泄油面积及偏转的等压线分布,使得其面向注水井压力场的泄油体外围等压线与注水井流线方向夹角增大,外围注水受效线增长,单位长度受效强度减小,从而导致水驱波及面积的增大和见水时间的延迟。

(2)注水位置2(图5-8)。

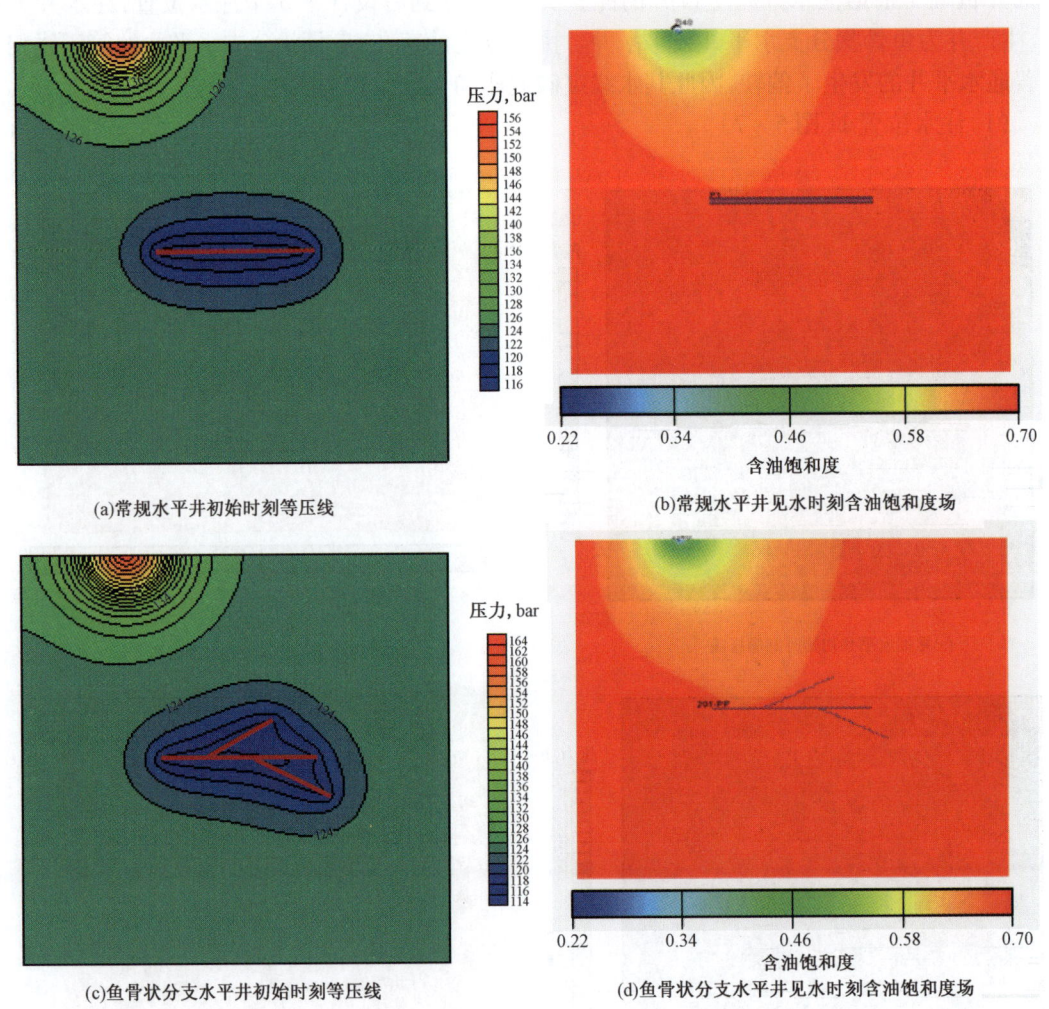

(a)常规水平井初始时刻等压线

(b)常规水平井见水时刻含油饱和度场

(c)鱼骨状分支水平井初始时刻等压线

(d)鱼骨状分支水平井见水时刻含油饱和度场

图5-8 位置2注水时鱼骨状分支水平井与常规水平井等压线及见水时刻饱和度场

同理于注水位置1,见水位置向水平井远离左端点的一侧移动。并且由于分支的存在,明显地增加了见水时刻的波及面积。

(3)注水位置3(图5-9)。

受鱼骨状分支水平井第一分支的影响明显,注水井与生产井两压力场波及扩大的接触点发生变化,导致水线突破方向及位置的变化,这种情况下鱼骨状分支水平井分支先见水,见水时的波及面积减小。

(4)注水位置4(图5-10)。

随着注水井的继续右移,强化了由于注采配置对鱼骨状分支水平井注水的不利影响,进一步缩短了受鱼骨状分支水平井第一分支影响而凸起的外围等压线与注水井压力场之间的距离,鱼骨状分支水平井分支见水时间提前,见水时波及面积减小。但对于水平井,相对于位置3,却延缓了注入水的突进影响。

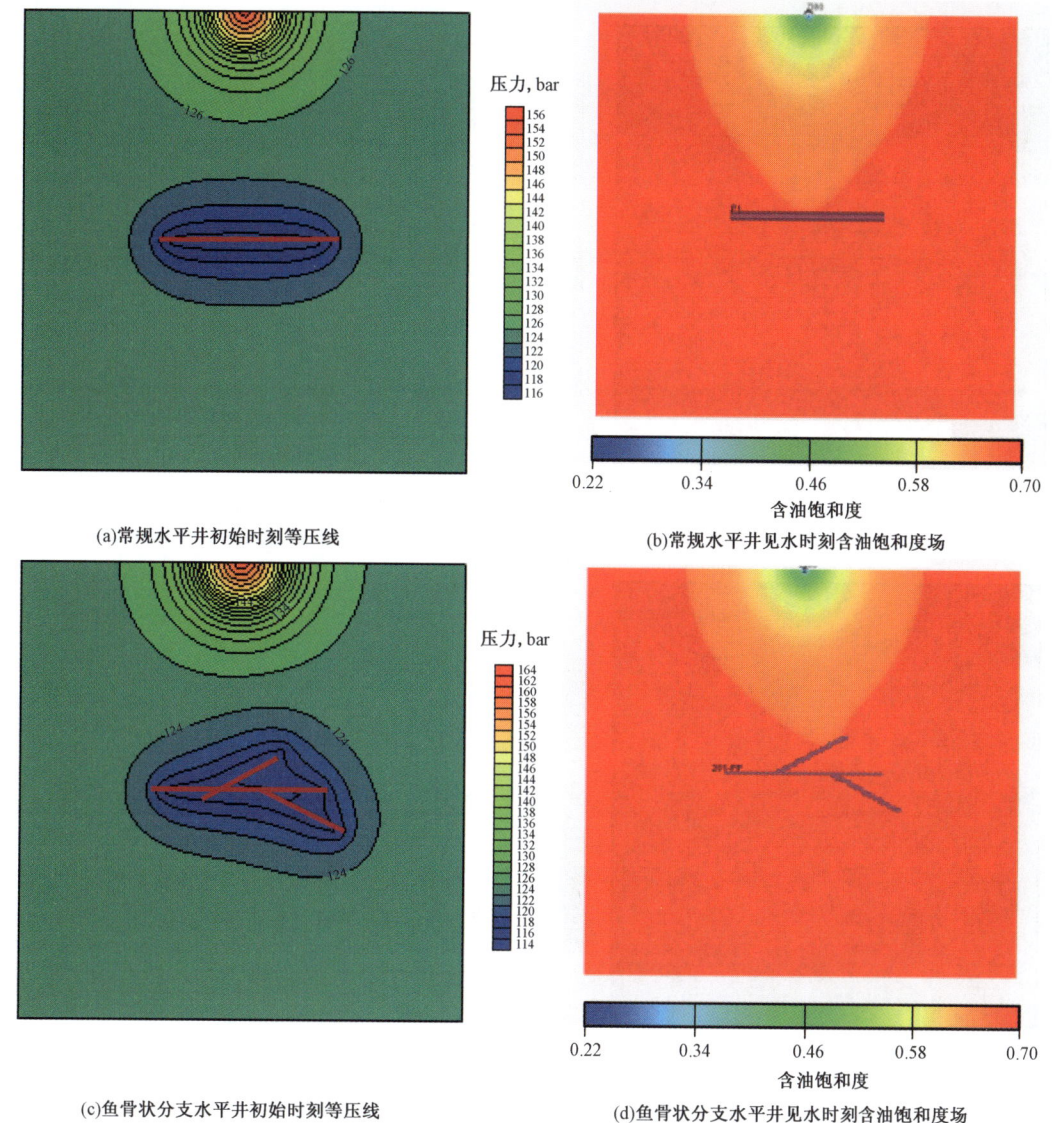

图5-9 位置3注水时鱼骨状分支水平井与常规水平井等压线及见水时刻饱和度场

(5)注水位置5(图5-11)。

当注水井位置位于右上方时,鱼骨状分支水平井受两分支的影响,右上侧的等压线趋于平缓,再一次缓解了注入水的突进速度,改善了水驱效果。水平井开采情况下的改善机理与鱼骨状分支水平井类似,但幅度稍小于鱼骨状分支水平井。

通过以上分析,可以得出以下认识:

(1)均质模型中,流线与等压线垂直。

(2)不同井型及不同水源具有不同的等压线分布,在水源压力没有波及井泄油边界之前,两压力场彼此互不干扰,水线沿源项形状特点(点或线)均匀推进。

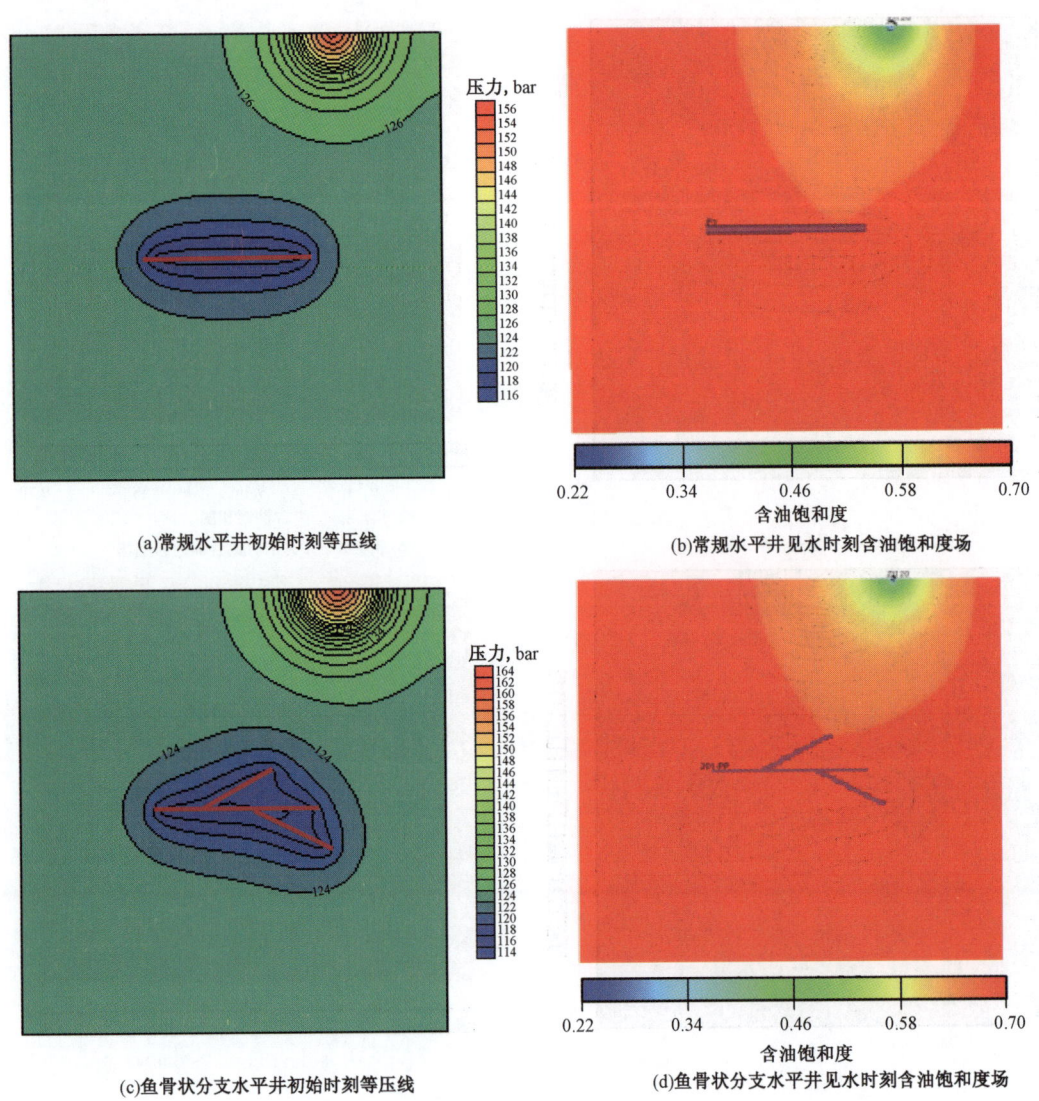

图 5-10　位置 4 注水时鱼骨状分支水平井与常规水平井等压线及见水时刻饱和度场

(3) 当水源压力波及泄油边界，受两压力场的相互影响，整个注采压力场动态变化，水从源汇压力线接触点处沿等压线压力梯度最大方向突进。

由此可见，水线的突破并不是遵循常规注采井最短距离的认识，而是决定于两种不同压力场的有效配置关系。由于注水源性质及生产井型的不同，源与汇两压力场的分布不同，导致不同注采配置条件下的水线推进规律不同，具体表现在：见水位置、见水时间、见水时的波及系数等差异。根据水线推进规律，可以通过优化配置，实现扩大波及。

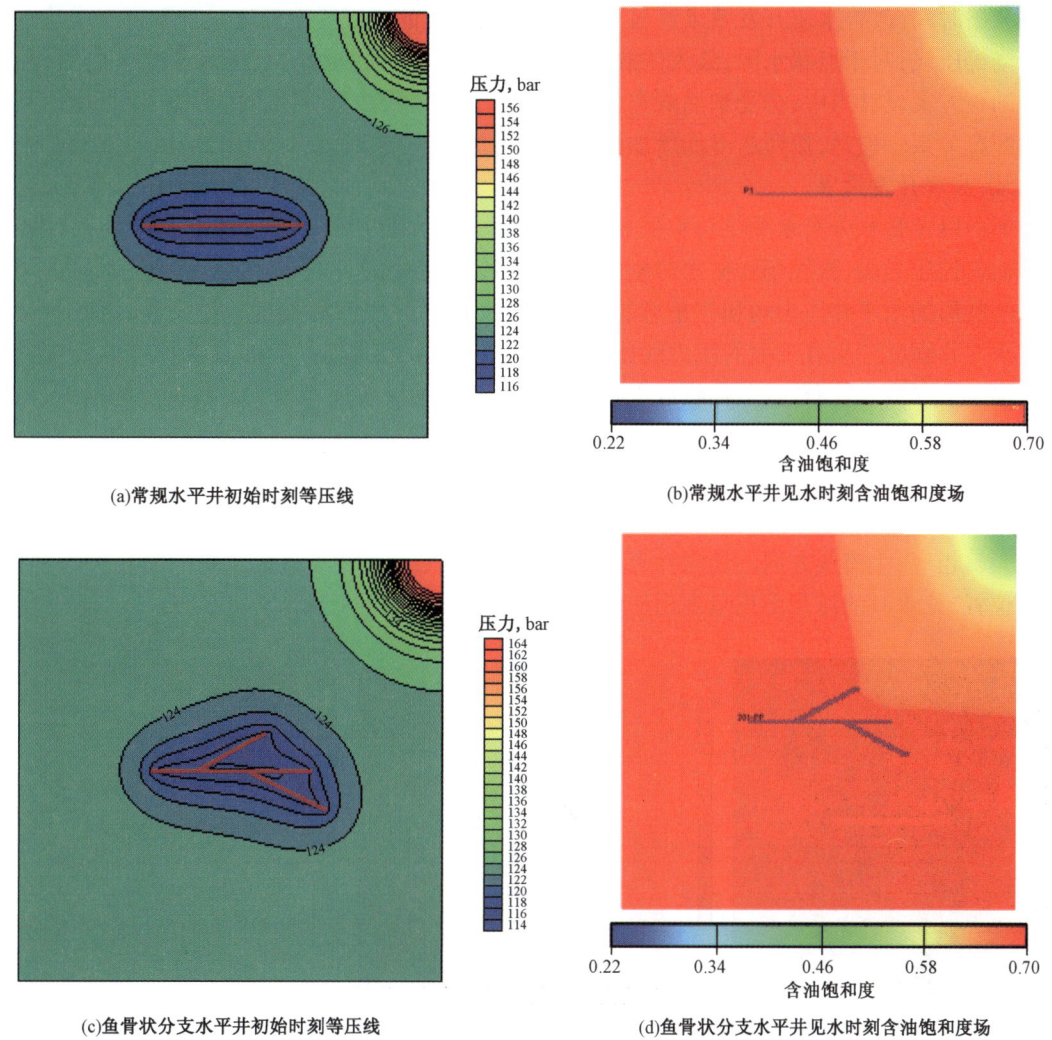

图 5-11 位置 5 注水时鱼骨状分支水平井与常规水平井等压线及见水时刻饱和度场

## 第二节 鱼骨状分支水平井扩大波及机理

### 一、扩大波及机理研究

水驱油藏开发效果改善的原则是实现油藏的均衡驱替,技术实现的途径是尽可能地延缓油井见水时间,扩大注水波及系数。从水驱油藏水线突破机理研究当中可以看到,在边水驱条件下,长水平井开采下的配置关系可以实现均衡开采;在直井注水条件下,水平井和鱼骨状分支水平井存在有利的注采对应关系,都可以在一定条件下发挥扩大波及的优势和作用;相同的短水平井开采,线状水源的水驱效果均好于不同位置的点状水源。因此,水驱扩大波及的根本要求是实现源与汇压力场的线接触程度,从而减小水驱前缘的水驱强度和水线突进级差,延缓水线突破时间,改善水驱开发效果。对于线状水源,最佳的源汇线接触配置是平行于线状水源的汇场等压线;对于点状水源,最大的源汇线接触配置是凹向点源的汇场等压线。当然,在实际的油藏方案设计当中,会受到油藏类型、储层非均质、注采井型等因素的影响,不可能达到理想的配置关系。但是,按照尽可能增加注采井压力场的线接触程度的原则,可以较好地扩大水驱波及,改善开发效果。

下面以鱼骨状分支水平井与水平井为例,来阐述扩大波及的机理。图5-12为两种井型投产初期的压力场、流线场和见水时刻的饱和度场。在点状注水情况下,圆形的注水压力场分别与椭圆形的水平井压力场和三角形的鱼骨状分支水平井压力场配置。很明显,由于鱼骨状分支水平井面向注水井一侧的压力线比水平井平缓,注采压力场扩散波及干扰后的线接触程度要强于水平井,从而导致鱼骨状分支水平井见水时刻的波及面积增大。线接触的增强,也减小了水线推进强度和级差,延缓了鱼骨状分支水平井见水时间和见水时的井段长度。也正是由于鱼骨状分支水平井分支的存在,在改变压力场分布的同时也影响着流线分布的规律,鱼骨状分支水平井与注水井之间流线分布较水平井更加均匀,注水井与分支井筒之间的流线路径长度大致相等,主流线方向向逆时针方向发生偏转,当注入水沿着流线最短的路径突进时,其见水位置、见水时的波及面积呈现出比常规水平井配置更好的效果。

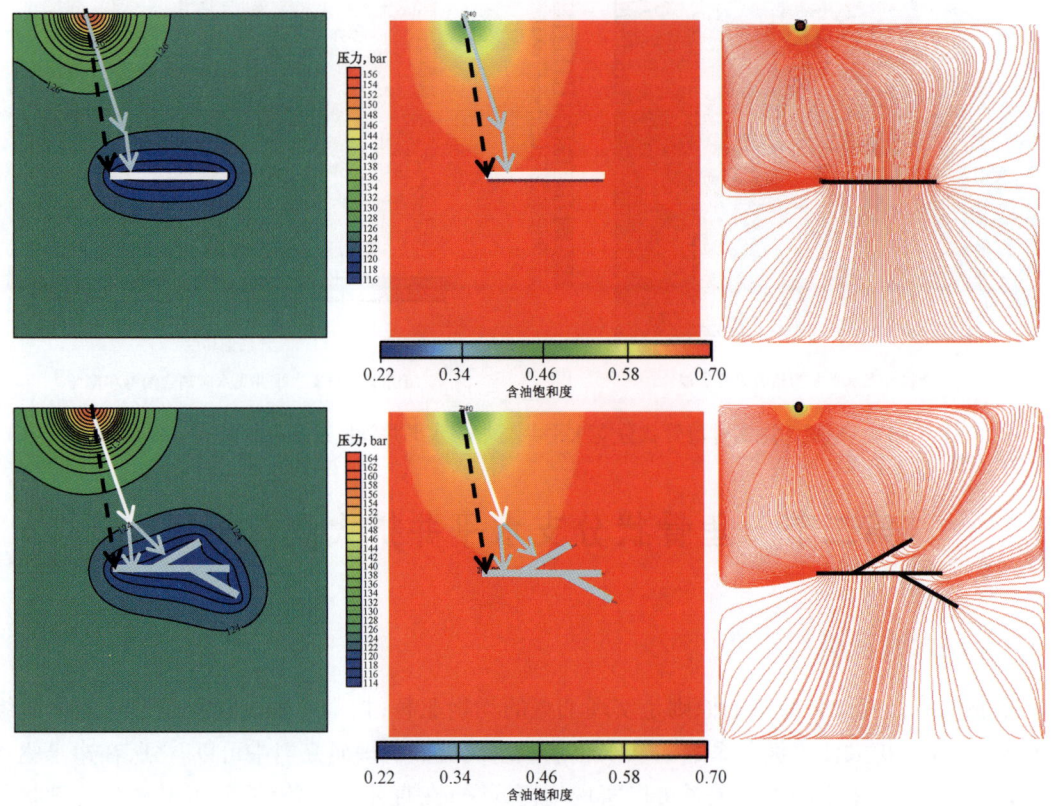

图5-12  常规水平井与鱼骨状分支水平井流线场与见水时刻的饱和度场比较

由图5-13为两种配置关系下的水驱开发效果对比,可以看出,鱼骨状分支水平井在合理的配置条件下也可以实现比常规水平井更好的水驱开发效果。

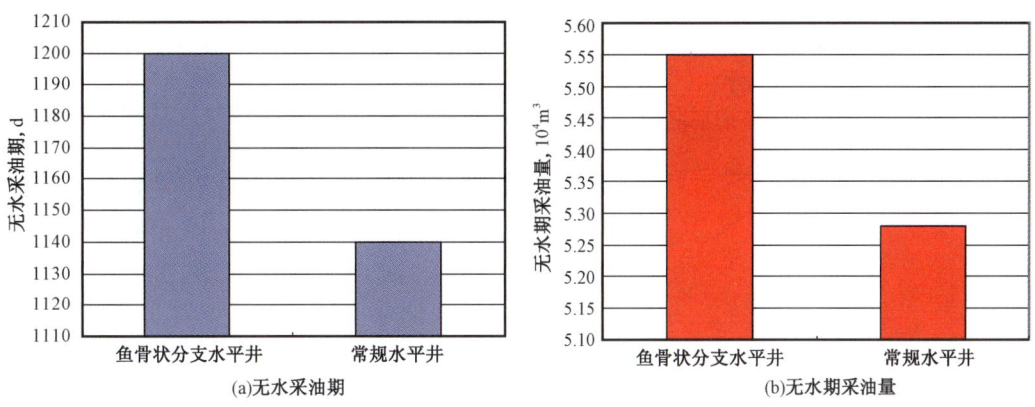

图 5-13 鱼骨状分支水平井与常规水平井注采配置关系水驱效果对比(直井注水)

## 二、扩大波及影响因素分析

为了更好地发挥鱼骨状分支水平井注水开发效果,明确注水开发设计中的影响因素,着重研究了注采井距、注水位置、水驱方式、注采强度等因素对扩大波及的敏感性。

### 1. 注采井距

鱼骨状分支水平井注采井距的定义为注水井到鱼骨状分支水平井最近的射孔位置的距离。设计采用鱼骨状分支水平井正对顶部直井注水、鱼骨状分支水平井开采的配置关系(图 5-14),研究注水距离为 220m、300m、380m、480m、570m 和 670m 的水驱动态。

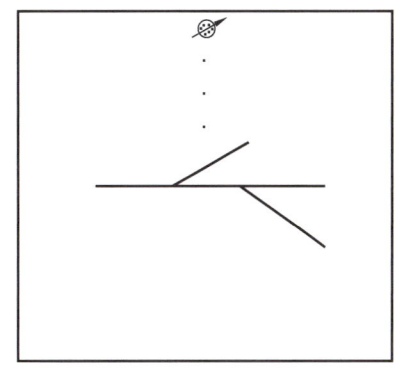

图 5-14 鱼骨状分支水平井注采井距敏感性研究设计示意图

从不同注采井距下的水驱开发指标(图 5-15)对比可以看出,鱼骨状分支水平井水突破时间和无水采油量随注采井距的增大而增加,两者之间呈比较好的线性关系。注采井距越近,见水越早,无水期采油量越小。

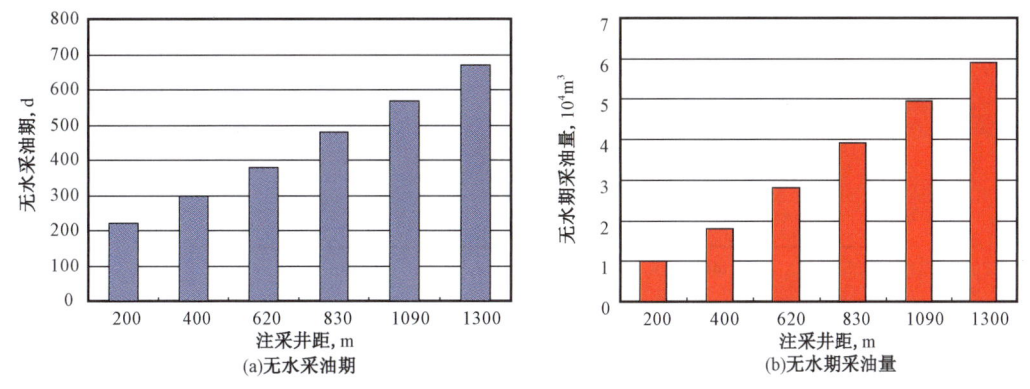

图 5-15 不同注采井距下的水驱开发指标

## 2. 注水位置

在保持相等的注采井距(600m)情况下,设计9个不同位置(图5-16),从左到右排序分别为1~9,分析其对开发效果的敏感性。

从不同注水位置下的水驱开发指标(图5-17)对比可以看出,虽然注采井距相同,但于注水井位置不一样,油井见水位置、见水时间、无水采油量和累计采油量不同。但从位置1到位置9,见水后的含水上升规律比较接近。由此可见,改善无水期的开发效果是提高鱼骨状分支水平井整体开发效果的关键。

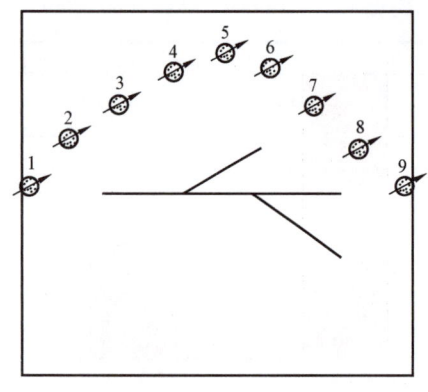

图5-16 鱼骨状分支水平井注水位置敏感性研究设计示意图

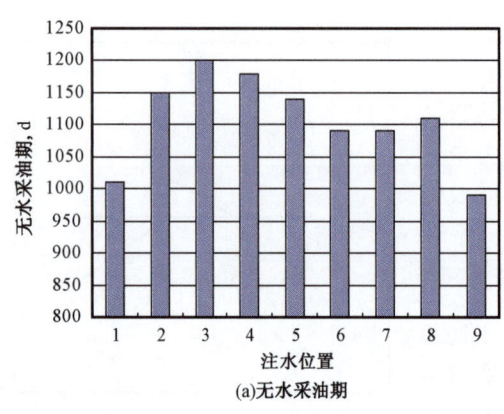
(a)无水采油期

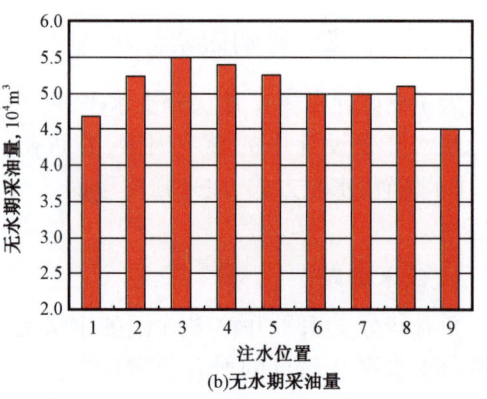
(b)无水期采油量

图5-17 不同注水位置下的水驱开发指标

## 3. 水驱方式

设计直井和水平井两种注水井型,形成点状水源和线状水源两种水驱方式(图5-18)。

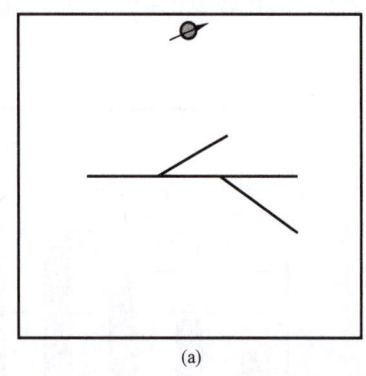
(a)

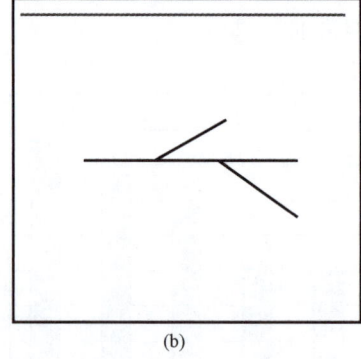
(b)

图5-18 鱼骨状分支水平井水驱方式敏感性研究设计示意图

从不同水驱方式下的水驱开发指标(图5-19)对比可以看出,边水驱见水时间大大推迟,见水时累计采油量也大幅增加,驱替效果明显优于直井注水。

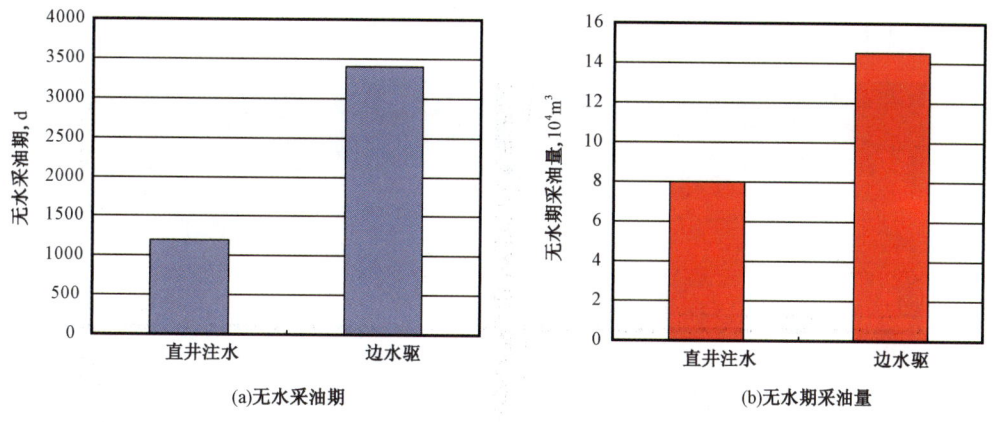

图 5-19　不同水驱方式下的水驱开发指标

**4. 注采强度**

以注水位置 3 的方案为基础,设计鱼骨状分支水平井产液量为 15m³/d,30m³/d,45m³/d,60m³/d,75m³/d 和 90m³/d 6 种方案,保持单元注采比为 1。从不同注采强度下的水驱开发指标(图 5-20)对比可以看出,液量越大,无水采油期越短,但超过一定采液强度后,无水采油期减小速度变缓。液量越大,见水时刻的累计采油量越多,由于含水上升越快,最终累计采油量相差不大。

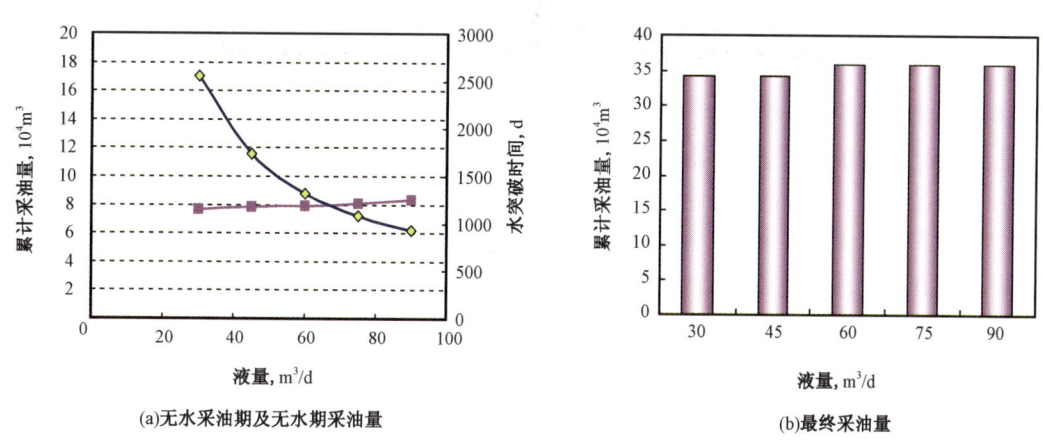

图 5-20　不同注采强度下的水驱开发指标

综合以上分析,水驱方式和注采井距是影响最终开发效果的主要因素,注水位置和注采强度对于无水期的开发效果影响明显。因此,对于鱼骨状分支水平井,选择较大的注采井距和合适的注采配置关系可以很好地提高其水驱效果。

## 三、见水后动态特征

为了正确认识鱼骨状分支水平井见水后含水上升动态,通过填砂模型物理模拟实验,研究了单分支水平井,边部一口注水井注入条件下的水淹及产水动态。图 5-21 显示了点状注水情况下的水淹动态。

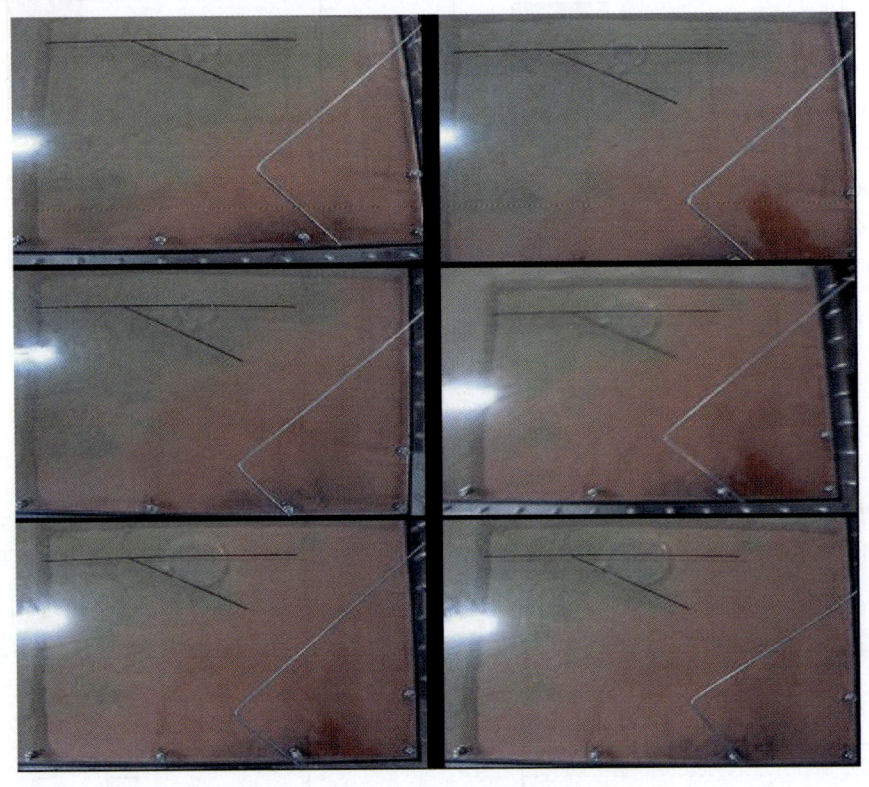

图 5-21　点状注水水淹动态(物理模拟)

通过生产井含水的计量,绘制驱替时间与含水关系曲线[图 5-22(a)]。可以看出,分支井见水后含水迅速上升,呈现爆性水淹特征;应用油藏数值模拟方法模拟了实验过程,计算得到分支井含水与时间关系曲线[图 5-22(b)]。可以看出,数值模拟与物理模拟结果相似,同时表明了数值模拟计算可以较好反映出油井的实际生产动态。

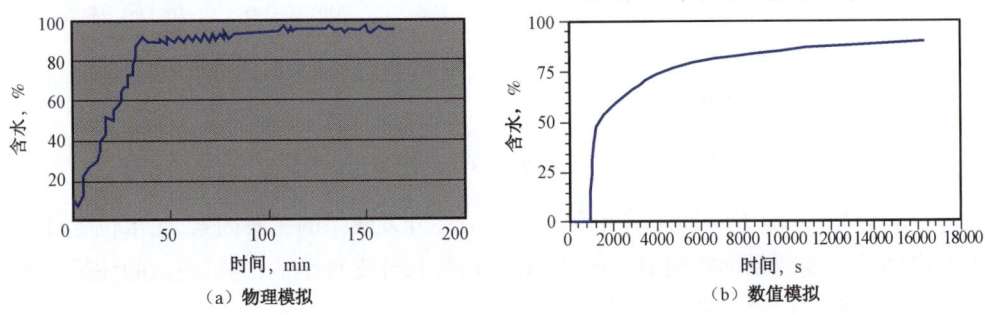

(a) 物理模拟　　　　　　　　　　(b) 数值模拟

图 5-22　分支井见水后含水动态特征

# 第三节　鱼骨状分支水平井扩大波及对策

通过水驱油藏水线突破机理及扩大波及机理研究表明,建立注采压力场之间的合理配置,实现较大的注采井距和充分的等压线线性接触程度,可以有效地扩大水驱波及。对于非直井注采的配置关系,注采井距为从注水水源到生产井突破位置的流线路径长度,而非直观的两井之间的最短距离。对于鱼骨状分支水平井而言,扩大波及的对策可以从改变生产井流场,适应注水方式或改变注水方式,适应生产井流场两个方面入手。

## 一、改变近井流场适应注水方式

根据油藏非均质、各向异性、断层边界等对油藏流场的影响,按照鱼骨状分支水平井扩大波及的原则,对于已确定为点状注水的情况,通过利用油藏特征及优化鱼骨状分支水平井轨迹来改变近井流场,实现均衡驱替。

1. 利用油藏各向异性

在油藏非均质性已知的情况下,应该尽量使主支的方向与高渗带的方向一致,使流线的方向垂直于高渗带的方向(图5-23),以减缓注水的突进。从3种不同各向异性情况下的注采压力线分布(图5-24)可以看出,各向异性油藏的等压线向渗透率高的方向拉伸变形。主井筒平行于高渗方向的等压线更加接近于平行直线,增加线接触程度,使驱替更加均衡。主井筒垂直于高渗方向的等压线向井筒方向拉伸,便注入水突进更快(图5-25)。

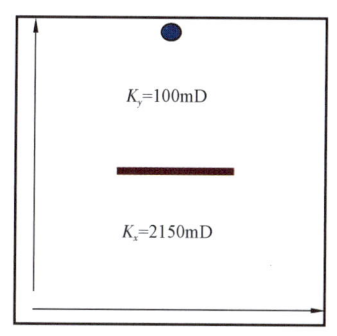
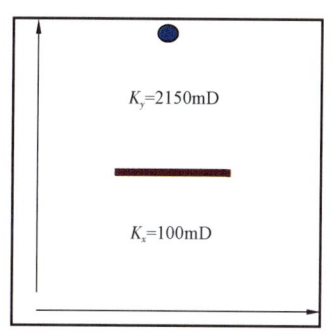

(a)主井筒平行于高渗方向　　　　(b)井筒垂直于高渗方向

图5-23　油藏各向异性设计方案

对比主井筒平行于高渗方向和主井筒垂直于高渗方向的动态指表(图5-26),可以看出,平行高渗透方向布井的初产低,但能大大延迟见水时间,增加无水期采油量。实际设计过程中可以根据产能需求结合采收率综合优化确定。

2. 采用特殊形态井轨迹

为达到均衡驱替的目的,可采用特殊形态的井轨迹,使得等压线尽量平行于源项等压线,增加两压力场的线性接触程度,实现均衡驱替。

根据直井正对注水时水平段中间先见水的特点,将水平井轨迹设计为上凹形,这样等压线

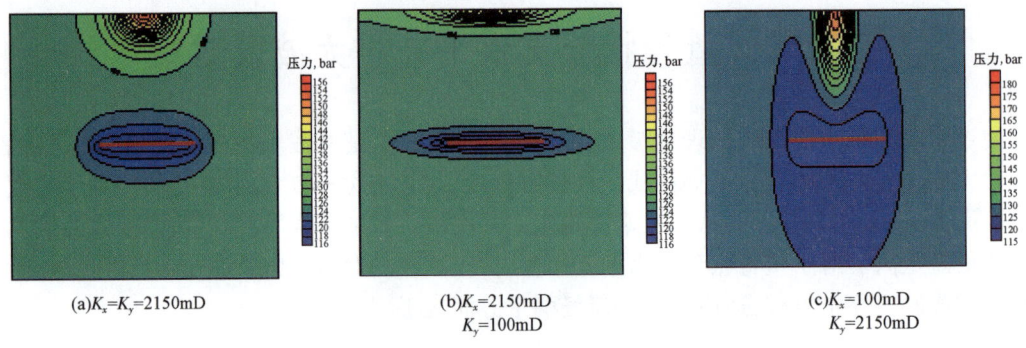

图5-24 主井筒平行及垂直于高渗方向等压线分布

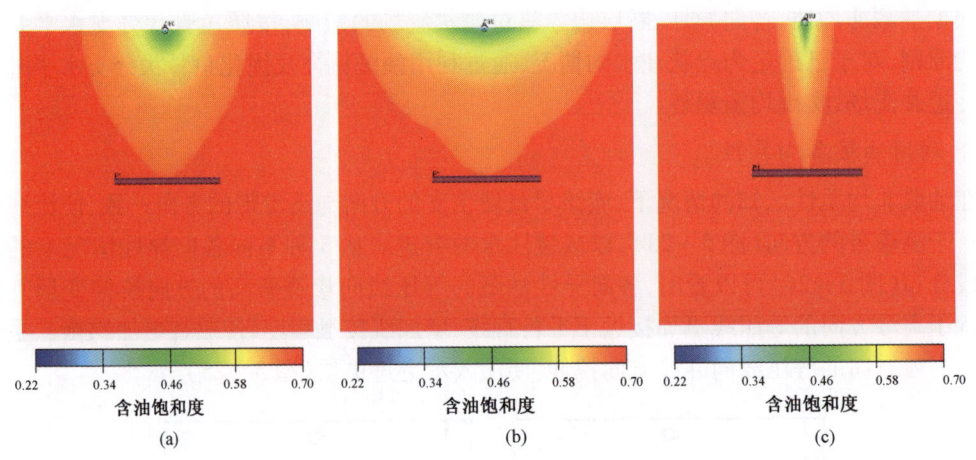

图5-25 主井筒平行及垂直于高渗方向见水时刻含油饱和度场

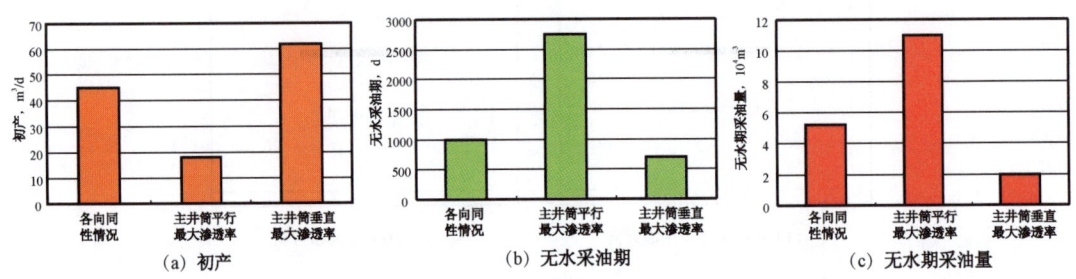

图5-26 主井筒平行及垂直于高渗方向动态指标

随井轨迹变化由椭圆形变为上凹椭圆形(图5-27),见水时刻的含油饱和度图如图5-28所示。可以看出,轨迹改变后其见水时刻的波及面积变大。动态开发指针(图5-29)也显示其见水时刻推迟,见水后含水上升慢,无水期及最终采油量增多。

**3. 选择合理分支方式**

均匀的注采井网由多个井组单元组成,而每个井组单元又由更小的微单元组成。因此,将不同的井网单元细化成具有代表意义的注采微单元,研究不同微单元的注采特征,对于正确认识组合井网单元的效果具有重要的指导意义。研究表明,从不同的面积井网形式进行剖析,任

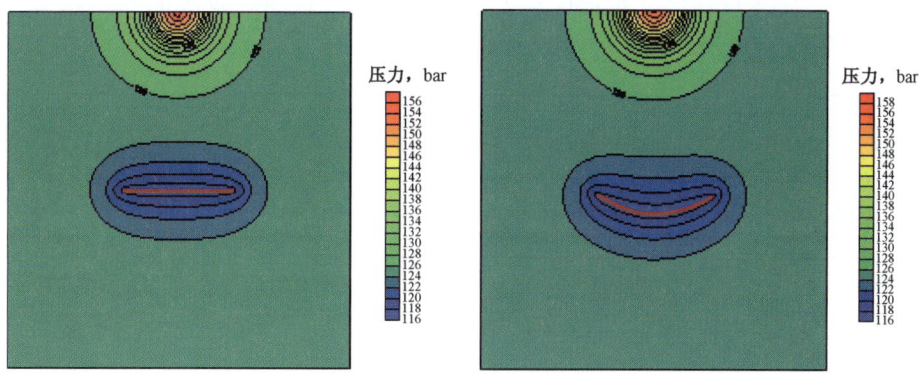

图 5-27　正对注水普通水平井与弯曲井轨迹水平井等压线

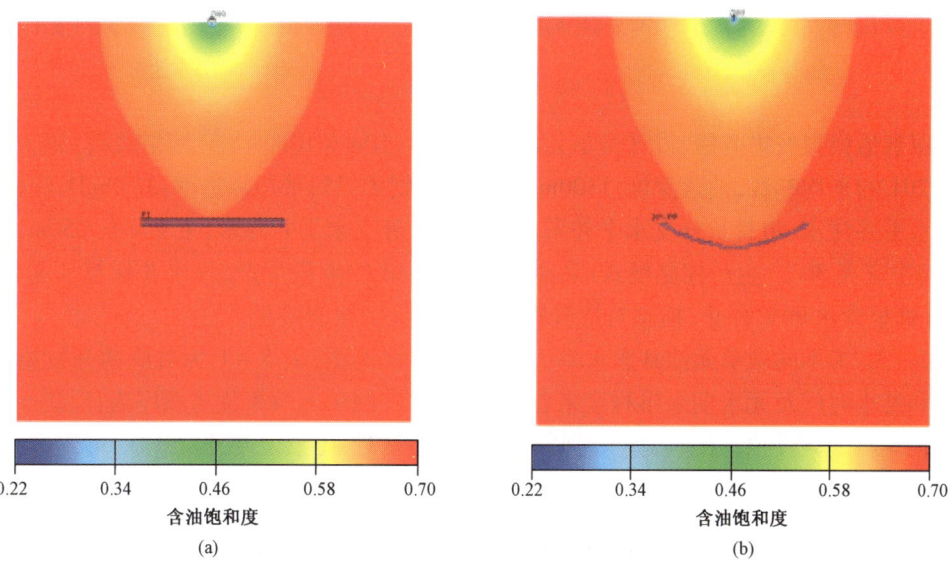

图 5-28　正对注水普通水平井与弯曲井轨迹水平井见水时刻含油饱和度图

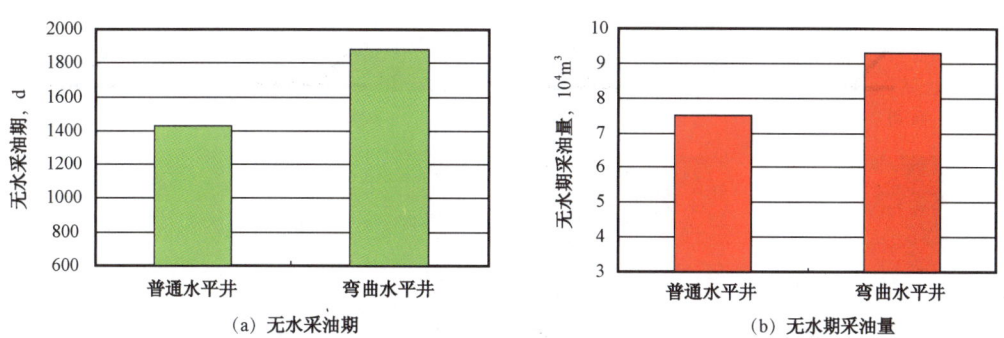

图 5-29　正对注水普通水平井与弯曲井轨迹水平井开发效果对比

意井网形式的两口注(直井)采(鱼骨状分支水平井)井单元按照矩形分解,都可以得到8种形式的微单元,如图5-30所示。

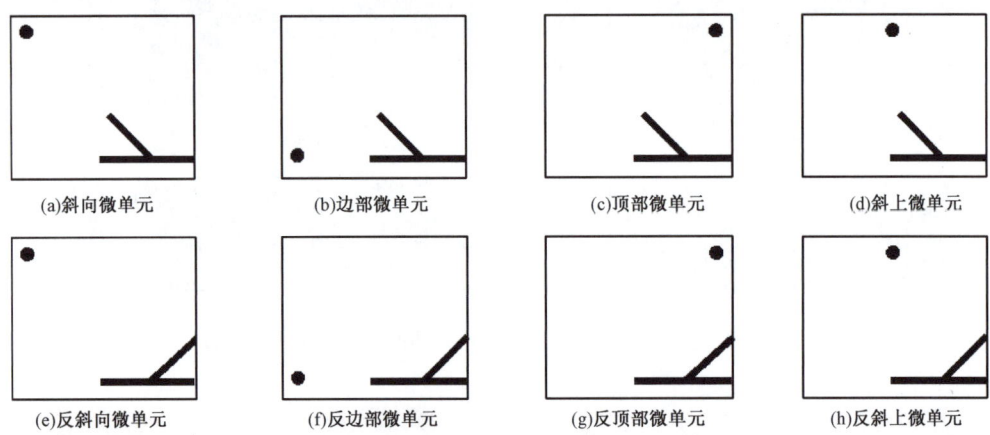

图5-30　8种典型微单元示意图

应用数值模拟技术方法,设计微单元的网格尺寸:10m×10m×8m,网格规模:39×39×1,取埕岛201的平均参数,油藏深度:1300m,平均孔隙度:0.35,平均渗透率:2150mD,注采关系:直井或水平井注水,鱼骨状分支水平井采油。鱼骨状分支水平井井形:主支半长250m,分支长200m,与主支夹30°。生产控制模式:采油井定50m³/d的液量生产,注水井保持注采比1:1注水,计算至含水90%停止,模拟对比分析不同微单元的水驱效果。

图5-31为不同微单元油井含水率为90%时的水淹图,表5-1为对应的开发指标。从水淹图和见水时间及无水期采出程度来看,微单元对井网单元效果优劣顺序为:反斜>斜>反斜上>顶>斜上>反顶>(反)边。含水率计算到90%时,比较最终开发效果,可以看出,优劣顺序为:反斜>斜>反斜上>斜上>顶>反顶>(反)边。

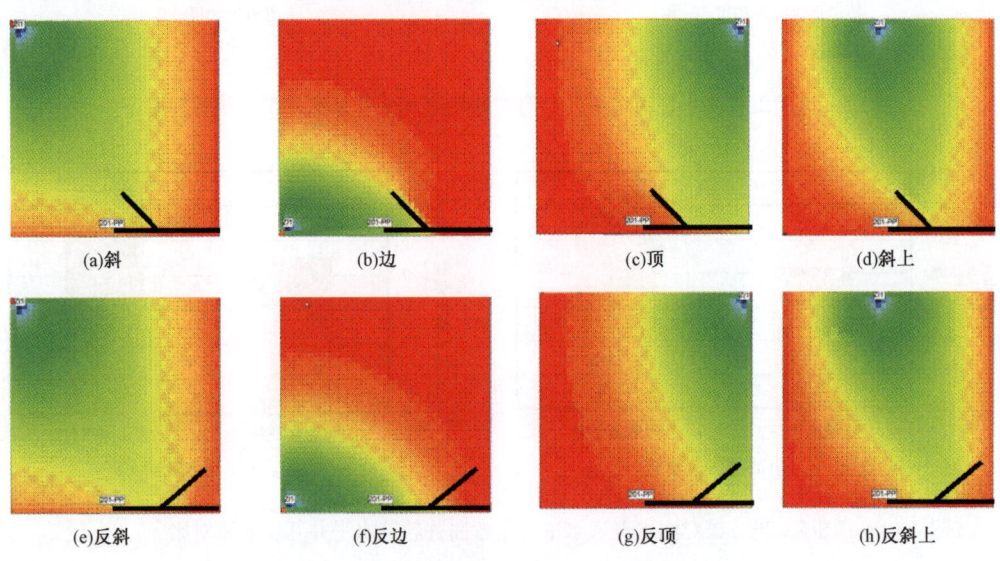

图5-31　不同微单元油井含水率90%时水淹状况

表5-1　8种微单元见水时间与无水期采出程度统计指标

| 类型 | 见水时间,d | 无水期采出程度 | 最终采出程度 |
|---|---|---|---|
| 斜 | 215 | 0.039 | 0.162 |
| 边 | 48 | 0.0082 | 0.062 |
| 顶 | 158 | 0.0293 | 0.127 |
| 斜上 | 151 | 0.0278 | 0.148 |
| 反斜 | 261 | 0.0486 | 0.169 |
| 反边 | 49 | 0.0081 | 0.07 |
| 反顶 | 106 | 0.021 | 0.120 |
| 反斜上 | 209 | 0.0382 | 0.150 |

为对比相同注采位置不同井型（分支井与水平井）的水驱效果，可以设计以下4组共12种注采微单元：第一组：斜、反斜、平斜；第二组：边、反边、平边；第三组：顶、反顶、平顶；第四组：斜上、反斜上、平斜上（图5-32）。针对不同井型进行数值模拟计算，得到以下结果（表5-2）。

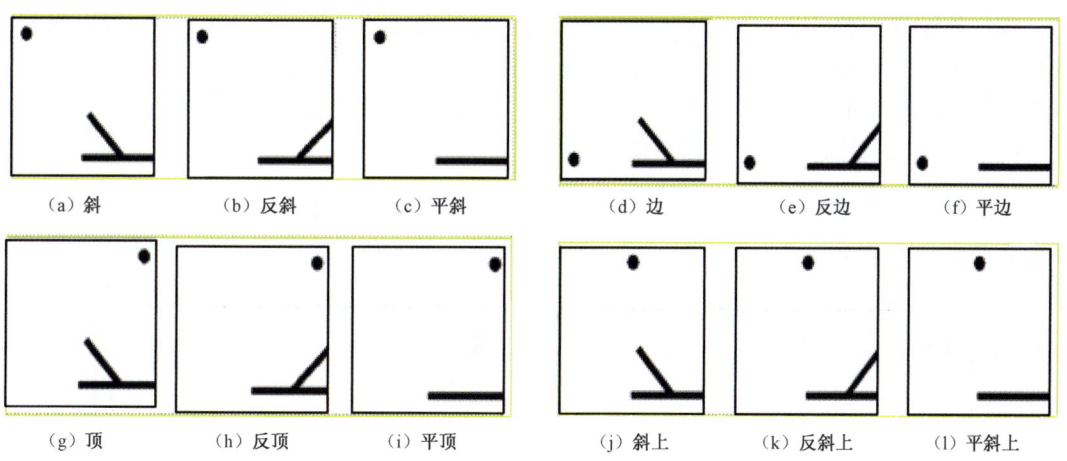

（a）斜　　（b）反斜　　（c）平斜　　（d）边　　（e）反边　　（f）平边

（g）顶　　（h）反顶　　（i）平顶　　（j）斜上　　（k）反斜上　　（l）平斜上

图5-32　微单元井形示意图

表5-2　12种微单元见水时间与无水期采出程度统计指标

| 分组 | 类型 | 见水时间,d | 无水期采出程度 | 含水率90%采出程度 |
|---|---|---|---|---|
| 第一组 | 斜 | 209 | 0.039 | 0.162 |
| | 反斜 | 263 | 0.0486 | 0.171 |
| | 平斜 | 250 | 0.0463 | 0.169 |
| 第二组 | 边 | 45 | 0.0081 | 0.062 |
| | 反边 | 47 | 0.0082 | 0.069 |
| | 平边 | 46 | 0.0083 | 0.064 |
| 第三组 | 顶 | 158 | 0.0298 | 0.124 |
| | 反顶 | 109 | 0.0207 | 0.119 |
| | 平顶 | 148 | 0.0273 | 0.126 |

续表

| 分组 | 类型 | 见水时间,d | 无水期采出程度 | 含水率90%采出程度 |
|---|---|---|---|---|
| 第四组 | 斜上 | 150 | 0.0285 | 0.147 |
|  | 反斜上 | 204 | 0.0388 | 0.149 |
|  | 平斜上 | 191 | 0.0361 | 0.152 |

从表中可以看出,第一组,无论见水时间、无水期采出程度还是含水90%时采出程度,都有反斜>水平井>斜;第二组,三种井型差不多;第三组,顶>水平井>反顶;第四组,反斜上>水平井>斜上。对比可见,分支井好于水平井的微单元有三种,即顶部、反斜向、反斜上微单元。从井型与注采位置关系分析,注水井背向远离分支点位置,可以充分发挥分支井优势。分析其本质,其主要原因是这种配置很好地利用了增大注采压力场的线性接触程度的原则。因此,在鱼骨状分支水平井设计中,可以利用这种配置下的水驱优势,选择合理分支方式。

## 二、调整注水方式适应流场分布

在鱼骨状分支水平井开发的调整方案中,对于已经确定的鱼骨状分支水平井,可以根据鱼骨状分支水平井流场特征,结合鱼骨状分支水平井扩大波及影响因素的研究,选择合适的注水方式、注采井距、注水位置及强度,以适应两种压力场的最优化配置,延缓水的突破。

### 1. 调整注水井的位置

对于不利的注采配置关系,可以通过偏角优化和注采井距优化来延缓水淹。图5-33为分支井偏角及注采井距变化示意图。

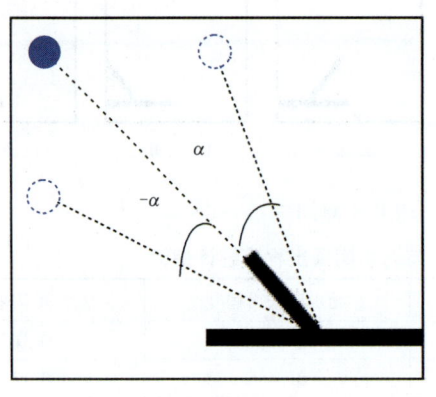 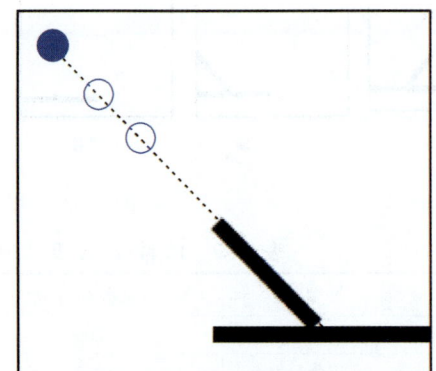

(a) 分支偏角    (b) 分支注采井距

图5-33 分支与注水配置参数示意图

定义分支偏角为分支主支交汇点到注水井的联机与分支的夹角。如图5-33所示,联机在分支下方时定为$-\alpha$,在分支上方定为$\alpha$,设计分支偏角为$-30°$、$-15°$、$0°$、$15°$和$45°$。当分支正对注水井时,分别设计注水井与分支端点距离分别为50m,100m,150m和200m。通过数值模拟计算和分析,认识到分支端正对注水井效果最差,受主支干扰影响,正偏比反偏效果改善大。所以应尽量避免注水井与分支正对。对于无法避免分支与注水井正对的情况,可以增大分支注采井距,延缓注水突进。

**2. 调整注水井井型**

对于点状注水不利的微单元,可以将直井注水改成水平井注水,优化确定水平井注水的长度。图5-34是五点井网下的水平井注水微单元。研究对比不同水平段长度下的水平井注水与直井注水微单元的开发效果,结果如图5-35所示。结果显示,反斜微单元直井注水好,斜向微单元及水平井微单元水平井注水好于直井,但存在最佳的水平井长度,一般无因次水平井长度值0.25。

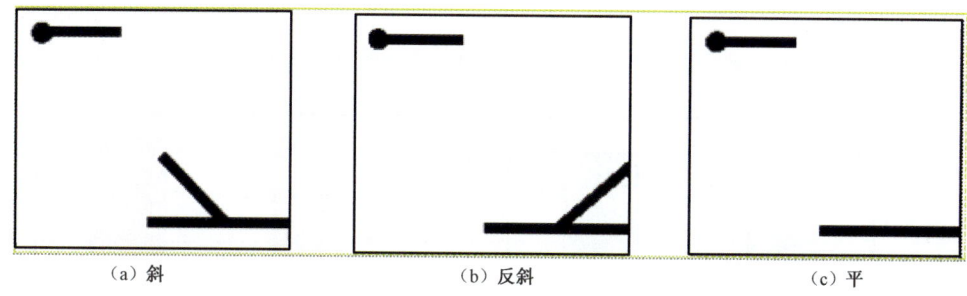

图5-34 鱼骨状分支水平井采的五点井网单元划分示意图(水平井注水)

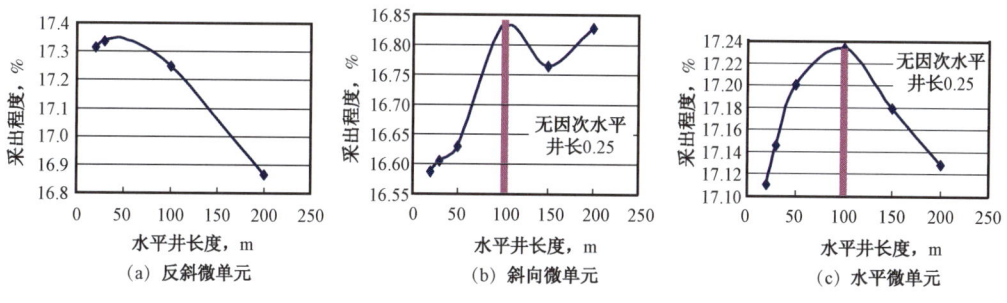

图5-35 水平井注水优化结果

**3. 调整注水井注水量**

按照调整不利微单元、发挥有利微单元的调整原则,对于五点鱼骨状分支水平井井网,根据微单元水驱效果的对比分析,确定以减少正对分支或距离分支端点近的注水井的注水量,增加背对分支或距离分支井远的注水井的注水量,可以实现各支见水时间的一致,达到均衡驱替的效果。为此,按照图5-36(a)的设计与优化,将五点法4口注水井1,2,3和4的注水比例由1:1:1:1调整为1.6:1.6:1.8:1。结果对比[图5-36(b)、图5-37]发现,调整前距离注水井最近的分支先见水,其他部位距边水推进较远;调整后支与主支见水时间基本相同,见水时间推迟,见水时的采出程度增加。

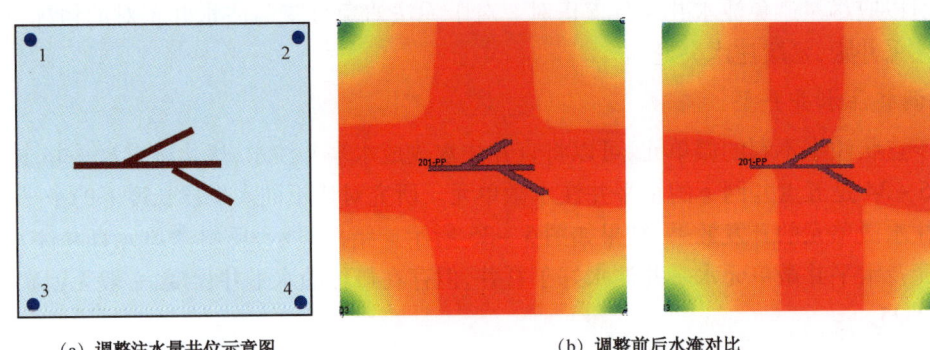

(a) 调整注水量井位示意图　　　　　(b) 调整前后水淹对比

图 5-36　调整注水井注水量优化方案设计与对比

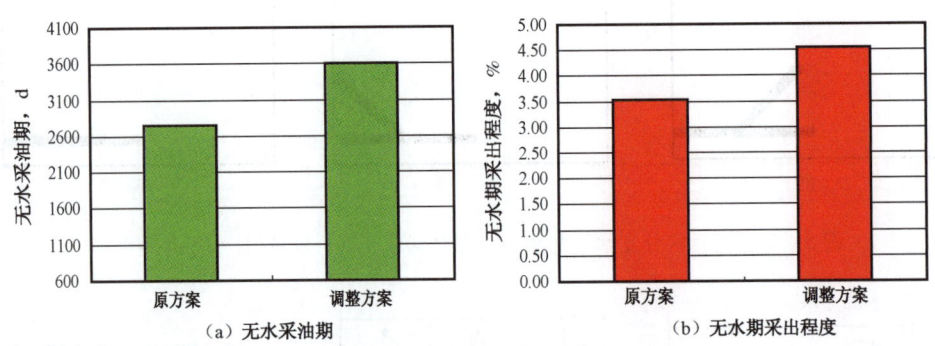

(a) 无水采油期　　　　　　　　　(b) 无水期采出程度

图 5-37　调整前后无水采油期及无水期采出程度对比

# 第六章 鱼骨状分支水平井整体开发技术

## 第一节 鱼骨状分支水平井注采特征

本节考虑了4种典型的注采单元,通过流线、见水及产量剖面的分析来初步认识鱼骨状分支水平井型采油条件下的复杂变化(图6-1)。

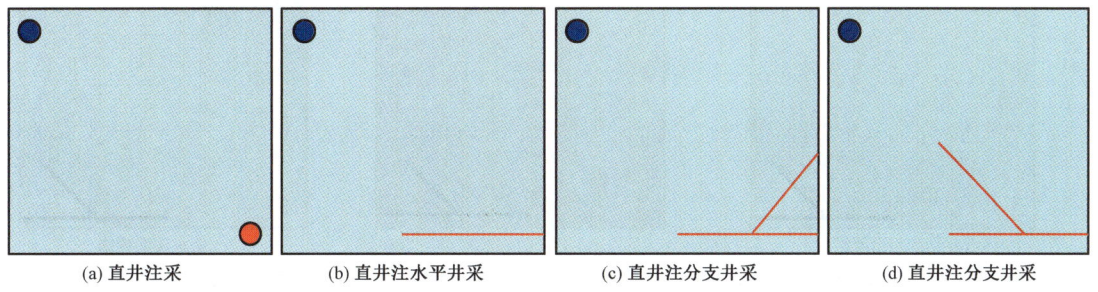

图6-1 4种注采单元示意图

### 一、直井及水平井注采

从图6-2可以看出,直井注采单元的流线在对角线两侧对称分布,注入水主要从中部向采油井突破;中部流线明显比两侧密集。对于直井注水平井采的注采单元,由于水平井与油层的线性接触,流畅关系发生变化,与直井井网相比流线明显密集,油井的产液能力得到很大提高。水平井趾端(水平井左侧)流线要比跟端密集(水平井右侧),中部最为稀疏,因此趾端流量大于跟端流量,而井筒中部流量最小。且随着生产的进行,趾端与跟端的单位长度流入量差别越来越大,流入剖面变得更加陡峭,由此引起井筒靠近注水井的一端(趾端)开始见水,但注入水并非首先从趾端突破,而是从靠近趾端的地方首先见水,然后趾端见水,最后逐渐扩散到整个井筒。

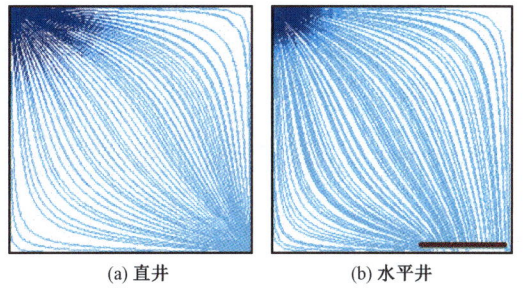

图6-2 直井及水平井注采单元流线分布特征

### 二、直井及分支井注采

对比两种不同分支井注采单元与水平井及直井的流线分布(图6-3),从中可以看出,其流线的形态、密度及分布与井型的关系非常密切,分支井的存在使得流场复杂化,流线更

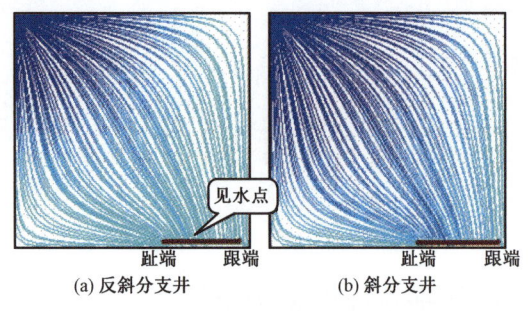

图6-3 水平井注采特征

加密集,密度分布不均衡且动态变化。反斜分支井的流线密集且分布相对均匀,水驱控制相对均衡。对比分支井不同注采单元的见水规律,可以看出,相对于斜分支井来说,反斜分支井见水时刻及后期水淹的波及面积大且分布均衡,这表明分支井不同的分支形态对水驱效果的影响十分明显,所以对于不同分支井的注采单元进行研究非常重要(图6-4)。

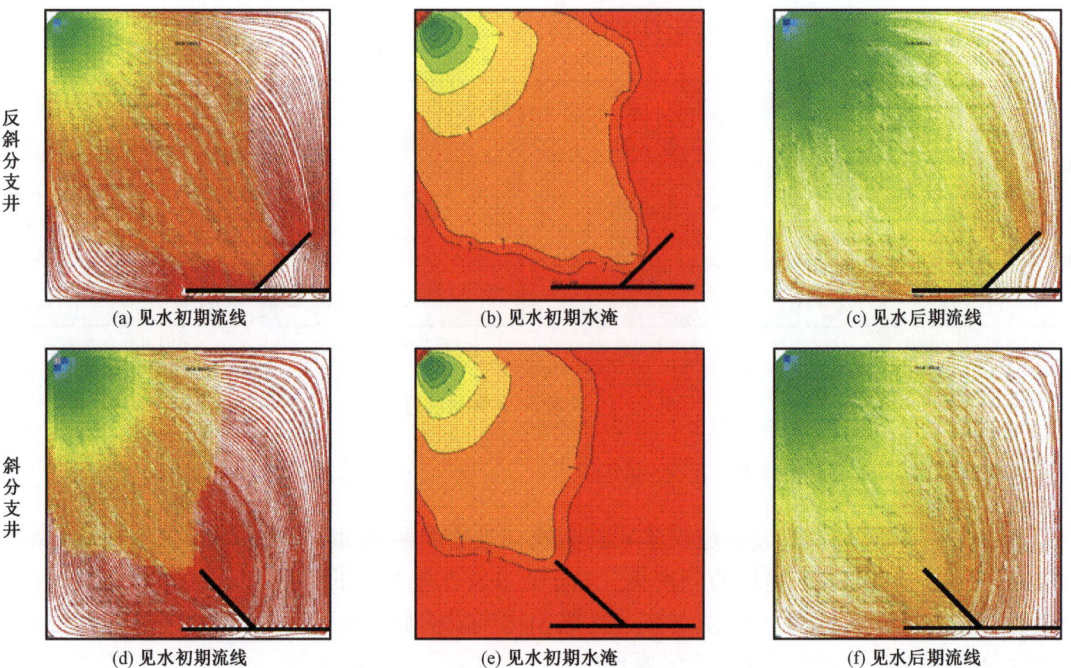

图6-4 分支井注采单元见水特征

## 第二节 鱼骨状分支水平井注采关系

### 一、基础井网

根据微单元水驱效果的优劣顺序,以水平井注采微单元为界,可以将12种注采微单元分为3类,分别是有利注采微单元,即顶、反斜、反斜上;中等微单元,即平顶、平斜、平斜上;不利微单元,即斜、反顶、斜上、边、反边、平边,如图6-5至图6-7所示。

将6种面积井网(直线排状正对井网、直线排状交错井网、九点井网、反九点井网、七点井网、四点井网)按照矩形注采单元分解成若干个注采微单元,图6-8给出了直线排状正对井

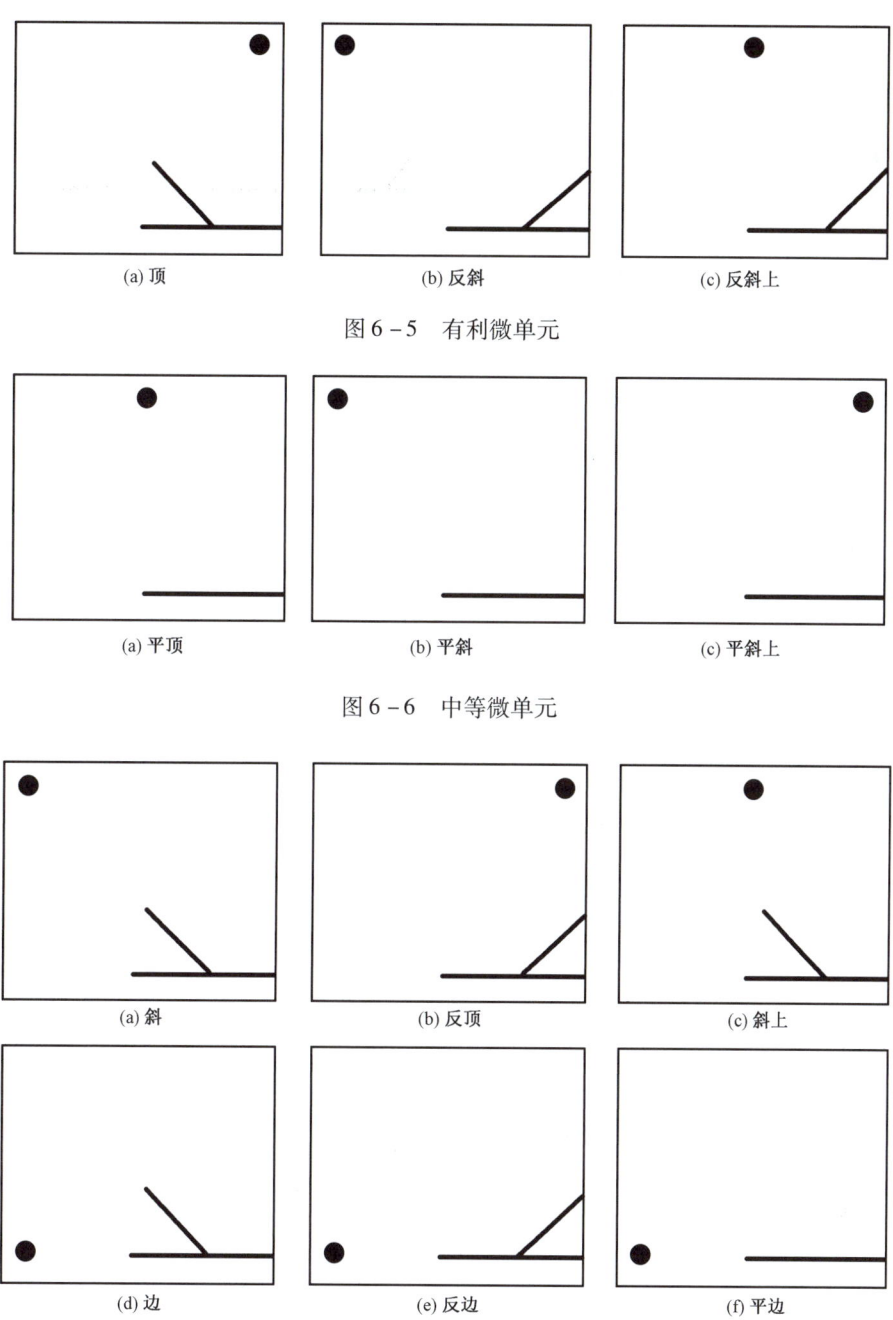

图6-5 有利微单元

图6-6 中等微单元

图6-7 不利微单元

网的注采微单元分解过程,其注采微单元的有利、中等及不利的比例为1∶2∶1。用同样的方法,将6种面积井网按照同样的方法进行分解,对比分析不同井网注采单元的有利、中等及不利微单元的比例,按照比例的大小排列顺序依次为:直线排状交错井网(五点井网)(1∶2∶1)、直线排状正对井网(1∶2∶1)、(反)九点井网(1∶1∶2.5)、七点井网(1∶2∶3)、四点井网(0∶1∶2)。因此,直线排状交错(五点)井网是最适宜的鱼骨状分支水平井基础井网。

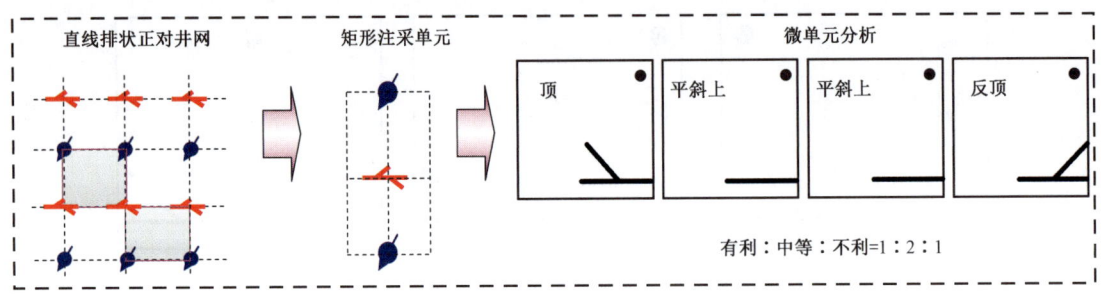

图6-8 面积井网分解成微单元示意图

## 二、注采关系优化

根据微单元开发规律,分析影响开发效果的因素,以发挥有利微单元,调整不利微单元,实现均衡驱替为原则,确定较好的注采对应单元的对应方式,给出注水效果最好的注采微单元井网分布方式。

**1. 鱼骨状分支水平井井形调整**

(1)偏角优化。

以斜向微单元为例,定义分支偏角概念,即分支、主支交汇点到注水井的连线与分支的夹角。微单元中分支在连线下方时定为$-\alpha$,在连线上方定为$\alpha$。设计分支偏角为$-30°$、$-15°$、$0°$、$15°$、$45°$[图6-9(a)],进行数值模拟计算(图6-10)。

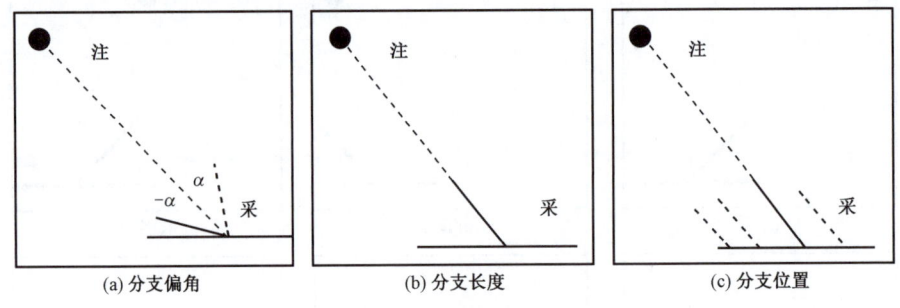

图6-9 分支井形调整参数示意图

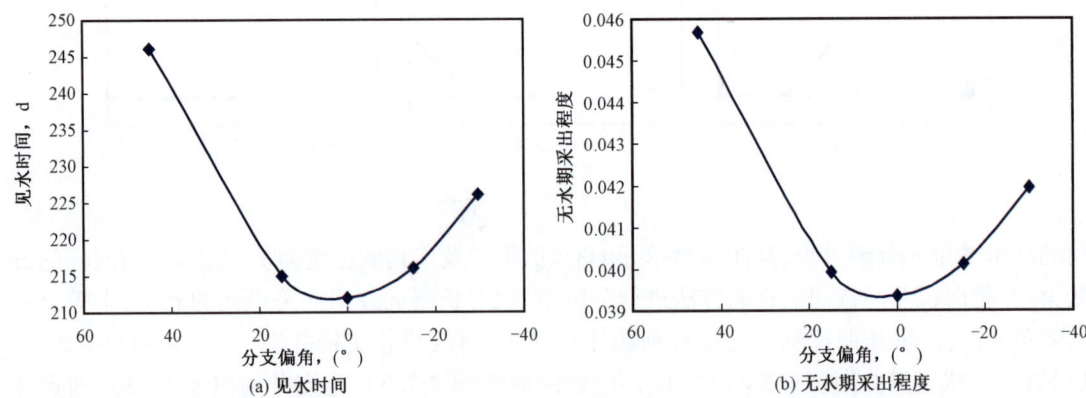

图6-10 见水时间和无水期采出程度随分支偏角变化曲线

可以看出,分支正对注水井效果最差,且对于斜向微单元,受主支干扰影响,正偏比反偏效果改善大,所以应尽量避免注水井与分支正对。考虑到钻井工艺的技术要求和难度,正偏角越大越好,但不能超过90°。

(2)分支长度优化。

当分支正对注水井时,分别设计分支长度为50m,100m,150m,200m[图6-9(b)],进行数值模拟计算(图6-11)。从曲线上分析,分支长度越长,注水效果越差。因此,当分支端正对注水井时,应适当缩短分支长度。

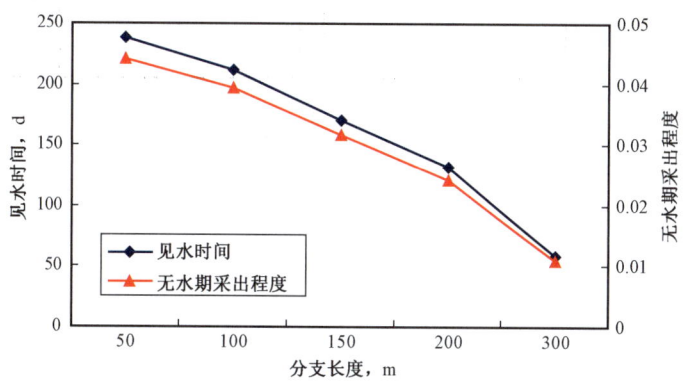

图6-11　见水时间和无水期采出程度随分支长度变化曲线

(3)分支位置优化。

设计分支位置分别离根端50m,100m,150m,200m[图6-9(c)],进行优化计算(图6-12)。结果表明,分支距注水井越近,注水效果越差。所以应尽量避免分支距离注水井过近。

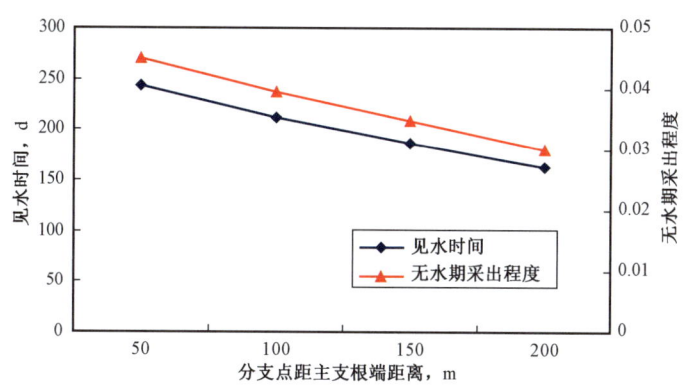

图6-12　见水时间和无水期采出程度随分支位置变化曲线

**2. 注采关系调整**

(1)调整注水井注水比例。

以五点井网为例,调整周围四口水井的注水比例,将注水比例由1∶1∶1∶1调整为1.0∶2.0∶1.2∶1.8,其见水时间延迟(约50d)、无水期采出程度和最终采出程度显著增加(图6-13)。所以在设计注水方案时应尽量发挥有利注采微单元的优势,调整不利注采微单元,达到优化注采效果的目的。

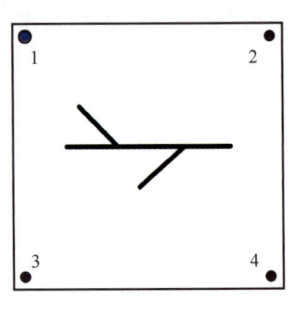 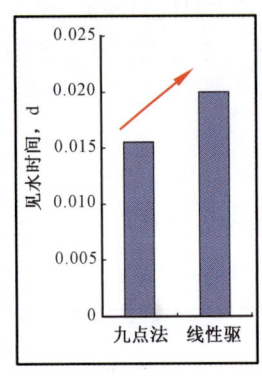 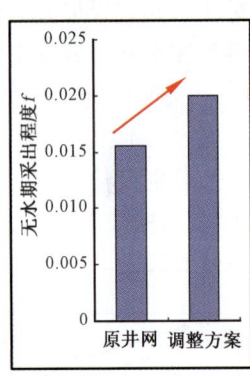 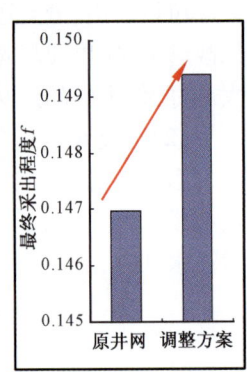

图 6-13　调整前后见水时间、无水期采出程度和最终采出程度对比

(2) 调整注水井井别。

将注水井由直井调整为水平井,并按照微单元思想,将井网单元划分成 3 个微单元,分别对比直井与水平井的开发效果(图 5-34)。结果显示(图 5-35),对于反斜微单元,注水水平井越长采出程度越低,无水采油期越短,而对于斜向微单元则基本上与反斜微单元相反,水平井越长采出程度越高,无水采油期越长,但考虑到经济效益,注水水平井并不是越长越好,存在一个最优长度。对于中等微单元,其采出程度随着注水水平井长度的增加先增加后减少,存在一个注水井最优长度值,而其无水采油期则随着注水水平井长度的增加而减少。综上分析,对于调整注水井井别来改善水驱开发效果,不同位置的注水水平井应综合考虑注采微单元及经济效益,从而采取不同的长度,来达到提高采收率的目的。

## 第三节　鱼骨状分支水平井注采井网

### 一、井网设计原则

以五点井网单元为基础,以保持有利注采微单元、调整不利注采微单元为原则,以实现均衡驱替为目标,建立不规则面积井网整体开发模式。按照以上调整原则,从不规则分支井面积井网的整体静态规则化、不均衡注采参数的整体动态均衡化两个方面来考虑鱼骨状分支水平井的整体注采井网优化,从而优化水驱开发效果。

### 二、注采井网优化

不均衡注采参数的整体动态均衡化可以通过调整注水井的注水比例来实现,针对不规则分支井面积井网的整体静态规则化,初步设计以下 3 种调整方式(图 6-14):(1)增大斜向微单元分支端点与注水井距离,形成与 4 口注水井距不等的非对称井网,延缓水淹,扩大波及范围;(2)建立对称性的分支井网分布,根据对称井排间的分支展布规律,整体向右平移水井,增大斜向微单元注采井距,形成交错排状井网;(3)在建立对称性的分支井网分布的基础上,将不利的直井注水井排改为水平井线性注水,增强适应性,进一步扩大波及范围。从指标计算结果对比(图6-15)来看,3种调整方式的无水采油期及见水时刻的波及系数均得到较大幅度的提高,水驱开发效果得到很大的改善。

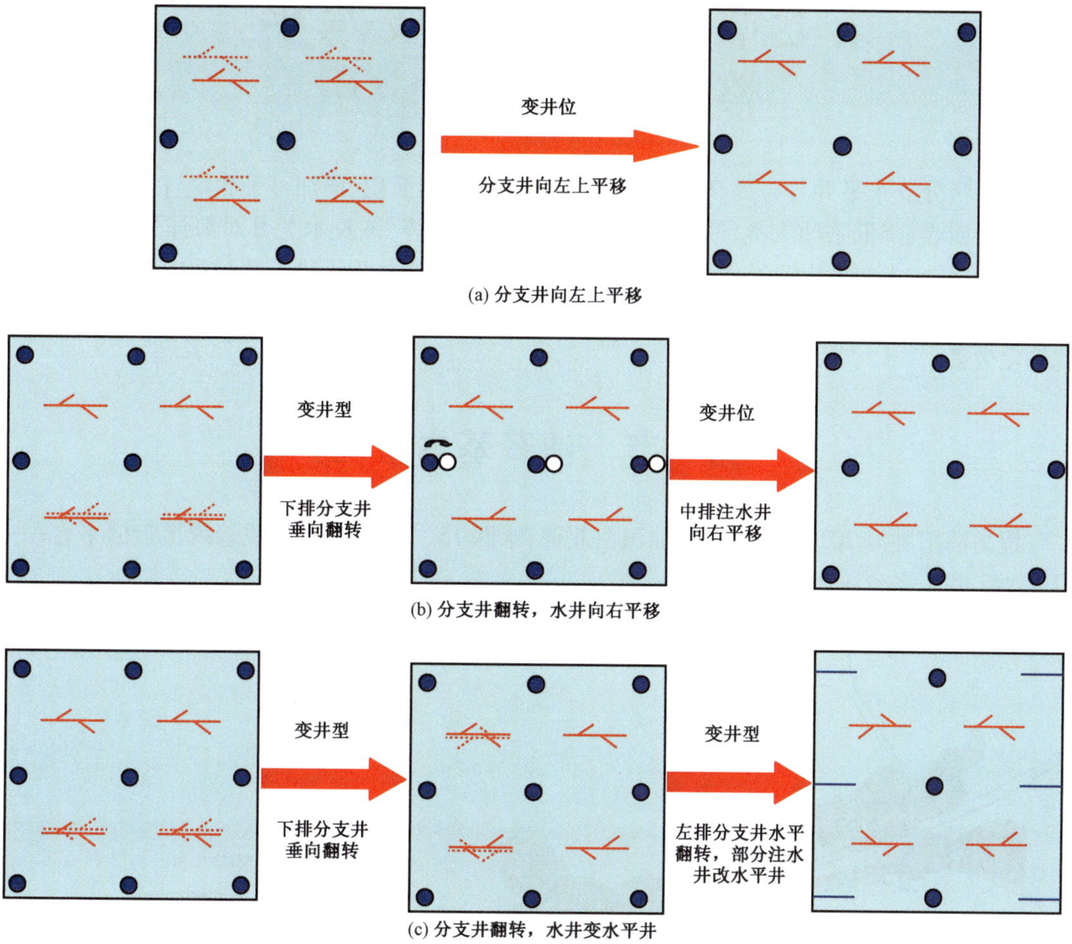

(a) 分支井向左上平移

(b) 分支井翻转,水井向右平移

(c) 分支井翻转,水井变水平井

图6-14 3种井网调整模式示意图

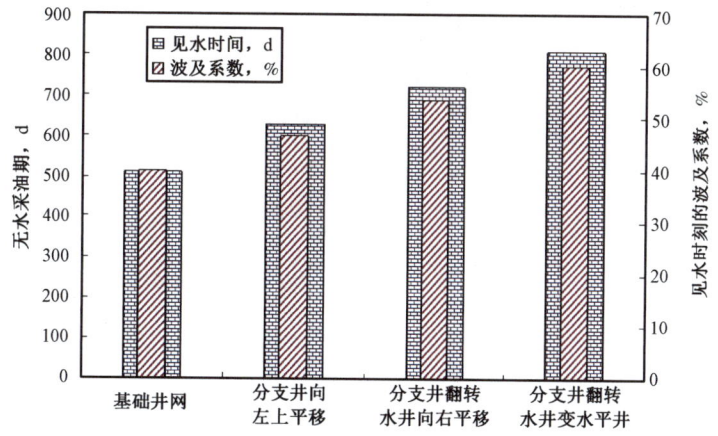

图6-15 3种井网调整效果对比

# 第七章　鱼骨状分支水平井整体开发技术应用

鱼骨状分支水平井具有提高单井控制储量、增大泄油面积、增加可采储量、提高单井产量、加快投资回收、降低采油成本、改善油田的开发效益等优势,该技术尤其对海洋边际油田具有降低动用门限、大幅度提高经济效益、实现有效甚至高效开发的优势。胜海201块为典型的海洋边际油田,可以将鱼骨状分支水平井整体开发关键技术在该区块进行技术性探索应用,提高其开发效果。

## 第一节　油藏基本情况

埕岛油田胜海201块位于埕岛油田西北部,水深15～20m,距已建成管线最近的平台——埕北243井组平台4.9km(图7-1)。

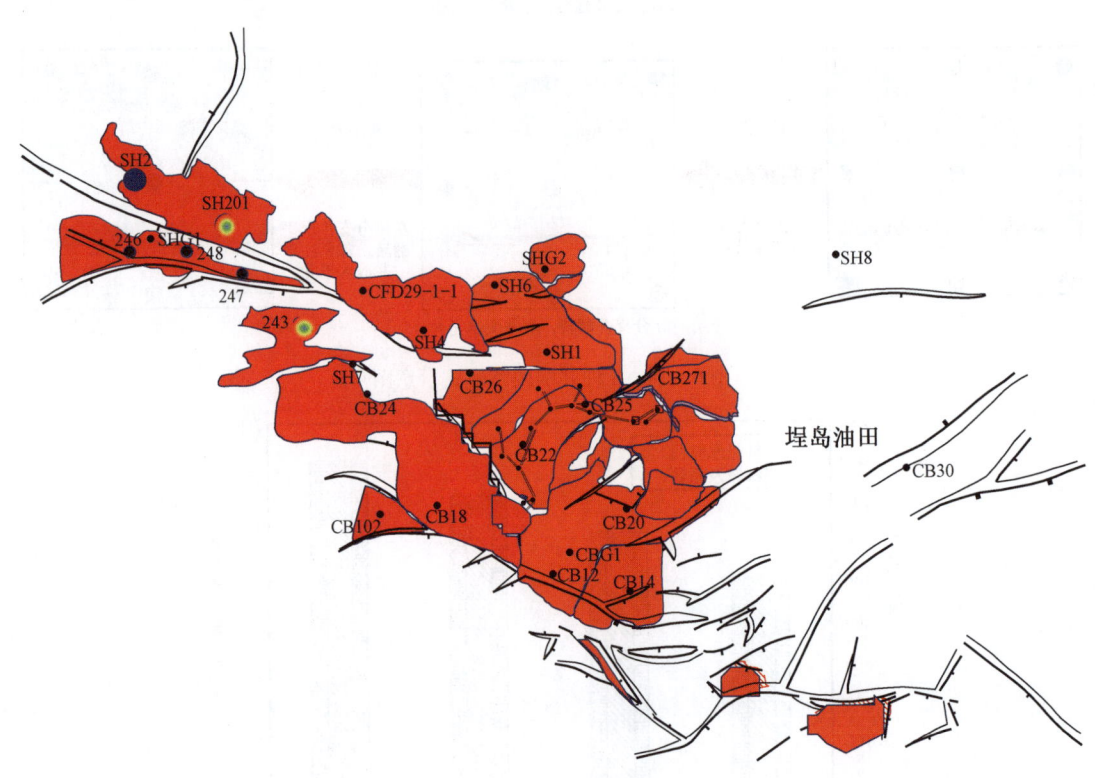

图7-1　胜海201块地理位置

# 第七章 鱼骨状分支水平井整体开发技术应用

根据地层划分,含油层系为馆陶组上段,本区构造是埕岛主体构造向西北的延伸,区内构造较简单,地层平缓,断层对馆陶组上段的沉积和油、气、水分布起明显的控制作用。根据胜海 201 井钻遇油层统计,主力油层为 $Ng4^4$ 及 $Ng5^{3+4}$,有效厚度分别为 9.3m、10.8m,油层发育受构造和岩性双重因素控制,位于构造低部位的胜海 202 井和胜海 203 井虽有部分储层发育,但均已变为水层;平均孔隙度为 34.9%,平均渗透率为 2127mD;原油性质较差,地面原油密度为 $0.9613 \sim 0.9653 \text{g/cm}^3$,地面原油黏度为 $573 \sim 885 \text{mPa} \cdot \text{s}$;油藏类型为高孔隙度、高渗透率、偏高温、常压、常规稠油、岩性—构造层状油藏。两套砂体叠合含油面积 $3.4 \text{km}^2$,储量 $688 \times 10^4 \text{t}$,其中 $Ng4^4$ 油层含油面积 $1.36 \text{km}^2$,地质储量 $209 \times 10^4 \text{t}$;$Ng5^{3+4}$ 油层含油面积 $2.75 \text{km}^2$,地质储量 $479 \times 10^4 \text{t}$。2005 年对该区块编制了开发方案,采用定向井 + 水平井井网开采,计算定向井日产油 20t,水平井日产油 35t,油价为 26 美元/bbl 时,测算百万吨产能需投资 42.81 亿元,经济效益较差。方案一直未实施,为典型的海洋边际油田。

## 第二节 三维模型建立

### 一、地质模型建立

根据胜海 201 区块的储层发育状况,针对主力油层 $Ng4^4$ 及 $Ng5^{3+4}$ 两个砂体开展工作。采用 Petrel 地质建模软件建立三维地质模型,平面上网格步长为 $20\text{m} \times 20\text{m}$,$x$ 方向网格数为 161 个,$y$ 方向网格数为 106 个;纵向上网格数为 11,其中 $Ng4^4$ 砂体为 5 层,$Ng5^{3+4}$ 砂体为 5 层,总网格节点数为 187726 个,其中有效节点为 64327(图 7-2)。

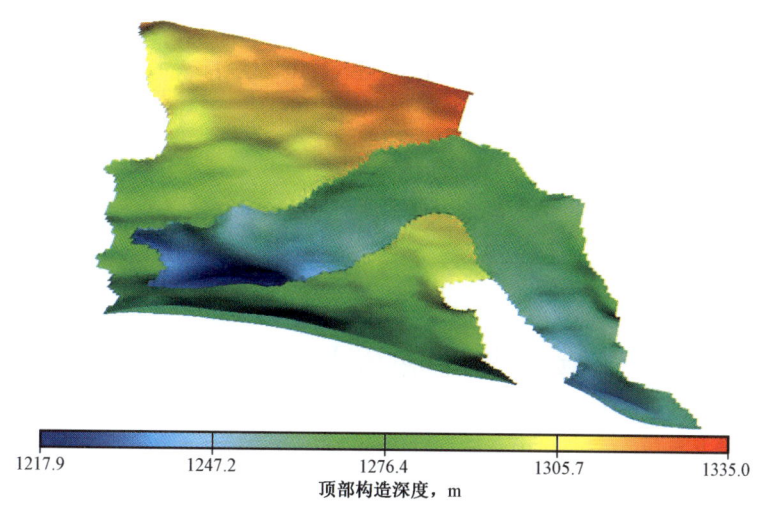

图 7-2 胜海 201 区块顶面构造图

在网格纵横向划分的基础上,首先建立构造模型,然后分别模拟出孔、渗、饱模型。该区块平均渗透率为 1963mD,孔隙度为 32.89%,厚度为 18.83m。

## 二、岩石流体模型

(1)相对渗透率曲线。

从埕岛一区选用了与该区块储层物性相近的4条相对渗透率曲线进行标准化处理,得到平均油水相对渗透率曲线(图7-3)。

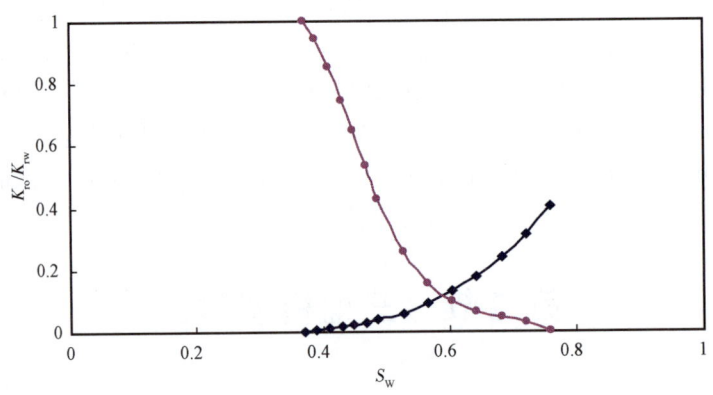

图7-3 相对渗透率曲线

(2)高压物性。

该区块地层压力12.5MPa,饱和压力3.2MPa,地饱压差9.30MPa,原始气油比7.70m³/t,压缩系数$6.10 \times 10^{-4}$MPa$^{-1}$,体积系数1.029,收缩率2.94%,溶解系数1.90m³/(m³·MPa),地面原油黏度729mPa·s,地下原油黏度141mPa·s,地面原油密度0.9633g/cm³,地下原油密度0.9356g/cm³(表7-1)。

表7-1 胜海201区块高压物性表

| 地层压力 MPa | 饱和压力 MPa | 地饱压差 MPa | 原始气油比 m³/t | 压缩系数 $10^{-4}$MPa$^{-1}$ | 体积系数 | 收缩率 % | 溶解系数 m³/(m³·MPa) | 原油黏度 | | 原油密度 | |
|---|---|---|---|---|---|---|---|---|---|---|---|
| | | | | | | | | 地面 | 地下 | 地面 | 地下 |
| | | | | | | | | mPa·s | | g/cm³ | |
| 12.5 | 3.2 | 9.30 | 7.70 | 6.10 | 1.029 | 2.94 | 1.90 | 729 | 141 | 0.9633 | 0.9356 |

# 第三节 开发技术政策

以不规则面积井网为基础,利用胜海201区块的基本参数,开展注采参数优化研究,确定鱼骨状分支水平井整体开发的技术政策。

## 一、采油速度优化

采油速度分别取1.0%、2.0%、2.5%和3%,分别对比区块含水为90%的采出程度以及不同年限的采出程度,对采油速度进行优化,单井控制条件为:最大采油量为80m³/d,最大采液量为300m³/d,最小井底流压为8MPa,优化结果如图7-4和图7-5所示。

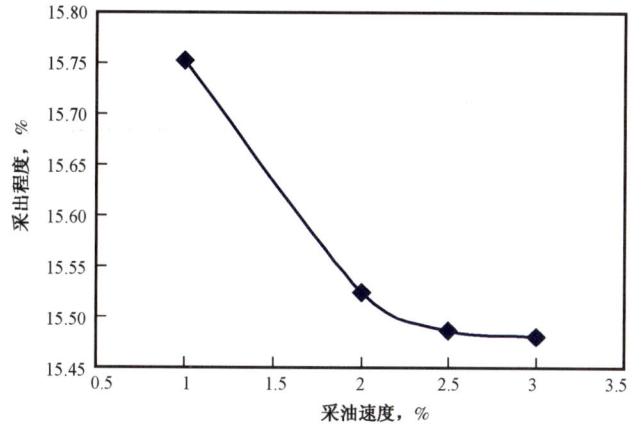

图7-4 不同采油速度下含水90%时的采出程度

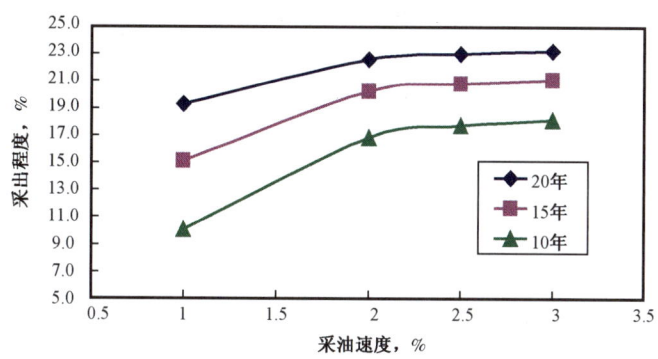

图7-5 不同采油速度下不同生产年限的采出程度

从结果可以看出,若不考虑生产年限的限制,采油速度低,含水上升慢,采出程度高;但若考虑到生产年限,则是采油速度越高,采出程度越高,但当采油速度高于2.5%后,采出程度增加幅度变缓。

## 二、注水时机优化

注水时机分别取 $0.75p_i$❶、$0.8p_i$、$0.85p_i$、$0.90p_i$、$0.95p_i$ 和 $p_i$,分别对比区块含水为90%的采出程度以及不同年限的采出程度。对注水时机进行优化,单井控制条件为:最大采油量为 $80m^3/d$,最大采液量为 $300m^3/d$,最小井底流压为8MPa,优化结果如图7-6和图7-7所示。从结果可以看出,地层压力下降至 $0.8 \sim 0.85p_i$,然后进行注水开发,采出程度高,开发效果好。

## 三、注采比优化

注采比分别取0.9、1.0和1.1,对比不同年限的采出程度。单井控制条件为:最大采油量为 $80m^3/d$,最大采液量为 $300m^3/d$,最小井底流压为8MPa,优化结果如图7-8所示。结果显示,注采比控制为1.0,开发效果最好。

---

❶ $p_i$ 指原始地层压力。

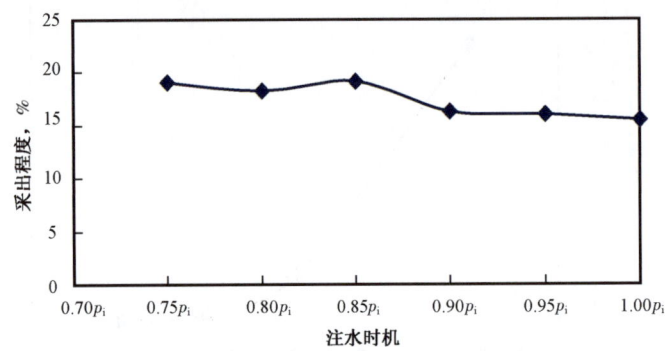

图7-6 不同注水时机下含水90%时的采出程度

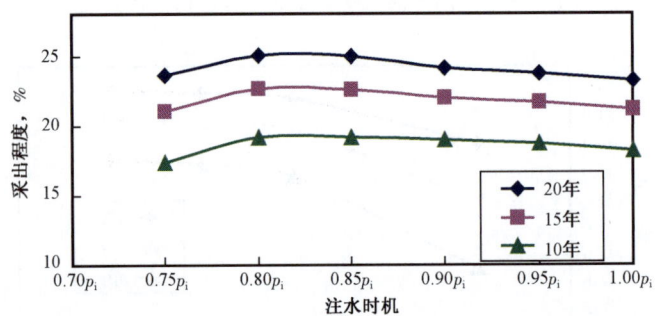

图7-7 不同注水时机下不同生产年限的采出程度

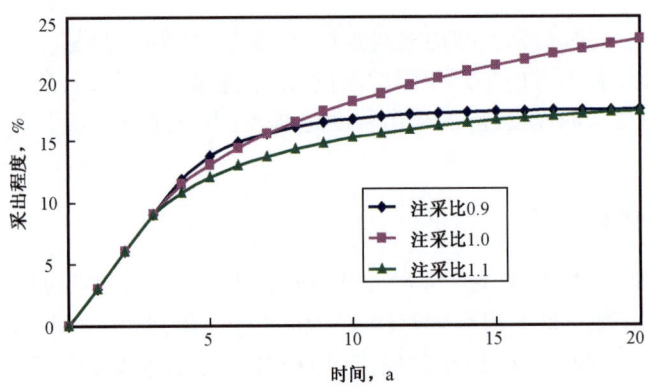

图7-8 不同注采比下的采出程度

## 四、井网密度优化

井网密度分别取0.56、0.89、1.22、2.0和2.78,分别对比区块含水与采出程度曲线以及不同年限的采出程度。单井控制条件为:最大采油量为80m³/d,最大采液量为300m³/d,最小井底流压为8MPa,优化结果如图7-9和图7-10所示。结果显示,井网密度低,含水上升慢,但采出程度低;井网密度高,含水上升快,采出程度高。

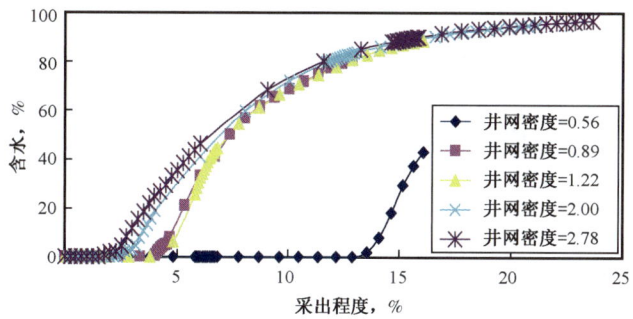

图7-9 不同井网密度下的含水与采出程度关系曲线

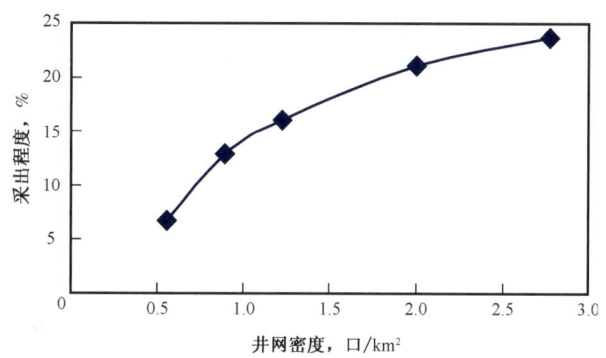

图7-10 井网密度与采出程度关系曲线

## 第四节 开发方案预测

### 一、直井开发

根据油藏砂体展布、储层物性和储量分布特征,设计直井注水,直井采油,其中 $Ng4^4$ 砂体部署4口注水井,5口采油井,$Ng5^{3+4}$ 砂体部署4口井注水,6口井采油(图7-11)。

生产控制条件如下:生产井全部射孔生产,注水井全部射孔注水;地层压力降低至0.8PI时注水;油井最大日产油量平均为20m³,最大日产液量为80m³,最低井底流压为80bar,生产时率为0.822;水井保持注采比为1.0,最大日注水量为200m³;预测生产15年,预测结果如图7-12所示。

### 二、直井与水平井联合开发

设计直井注水,水平井采油,其中 $Ng4^4$ 砂体部署3口注水井,3口采油井,$Ng5^{3+4}$ 砂体部署4口井注水,3口井采油(图7-13)。

生产控制条件如下:生产井全部射孔生产,注水井距顶1/3射孔注水;地层压力降低至0.8PI时注水;油井最大日产油量平均为40m³,最大日产液量为160m³,最低井底流压为

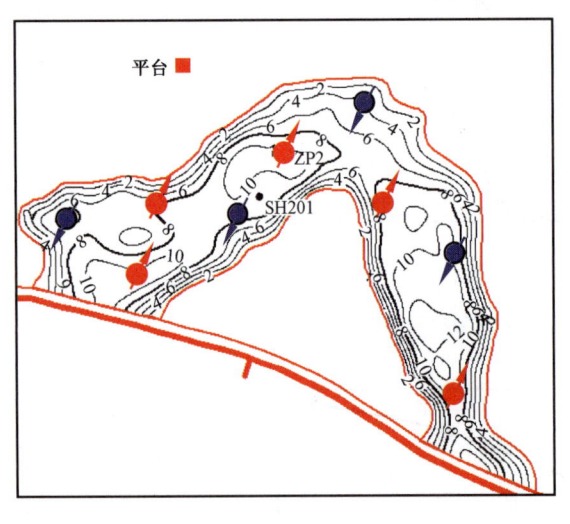
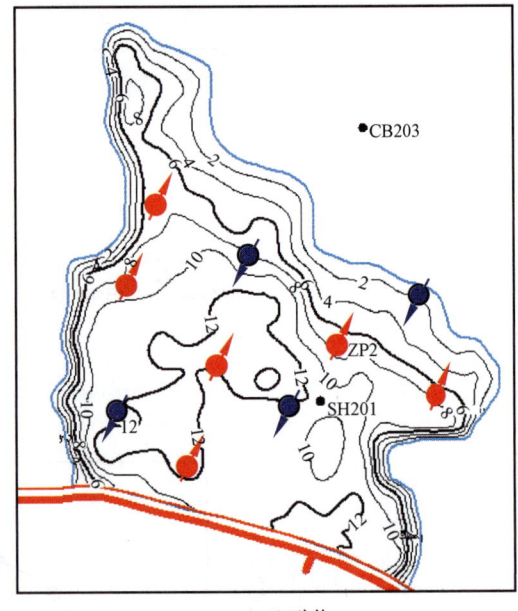

(a) $Ng4^4$ 砂体  (b) $Ng5^{3+4}$ 砂体

图 7-11　直井开发方案井位部署图

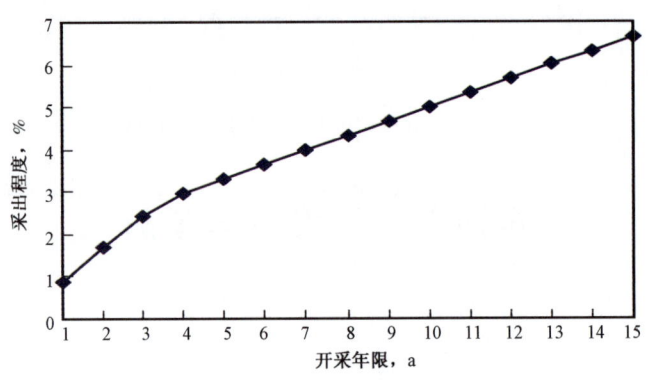

图 7-12　直井开发方案的采出程度曲线

80bar,生产时率为 0.822;水井保持注采比为 1.0,最大日注水量为 200m³;预测生产 15 年,预测结果如图 7-14 所示。

### 三、鱼骨状分支水平井开发

应用鱼骨状注采井网研究成果,部署 3 套鱼骨状分支水平井开发井网,对比 15 年采出程度,确定最优的井网形式。

(1)方案 1。

水平井注水,鱼骨状分支水平井采油,其中 $Ng4^4$ 砂体部署 3 口水平井注水,3 口鱼骨状分支水平井采油,$Ng5^{3+4}$ 砂体部署 4 口水平井注水,3 口鱼骨状分支水平井采油,共计 7 口水平井注水,6 口鱼骨状分支水平井采油(图 7-15)。

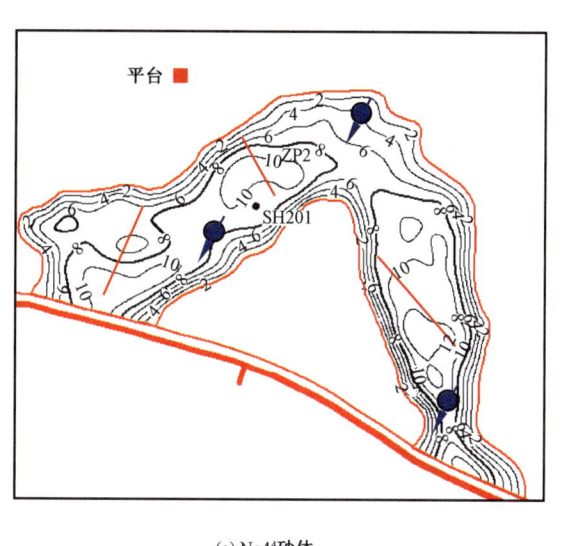
(a) Ng4⁴砂体

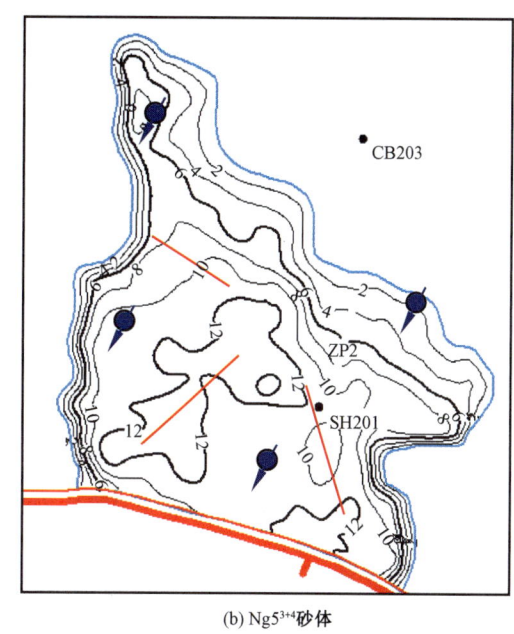
(b) Ng5³⁺⁴砂体

图 7-13　直井与水平井联合开发方案井位部署图

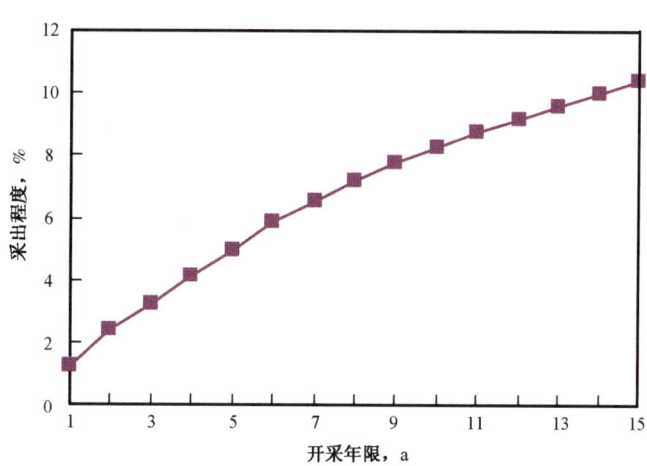

图 7-14　直井与水平井联合开发方案采出程度曲线

生产控制条件如下:生产井距顶 1/3 处射孔生产,注水井距顶 2/3 处注水;地层压力降低至 0.8PI 时注水;油井最大日产油量平均为 80m³,最大日产液量为 330m³,最低井底流压为 80bar,生产时率为 0.822;水井保持注采比为 1.0,最大日注水量为 200m³;预测生产 15 年,预测结果如图 7-16 所示。

从以上结果可以看出,鱼骨状分支水平井开发效果要好于直井和水平井开发。

(2)方案 2。

水平井注水,鱼骨状分支水平井采油,其中 Ng4⁴ 砂体部署 3 口水平井注水,4 口鱼骨状分支水平井采油,Ng5$^{3+4}$砂体部署4口水平井注水,6口鱼骨状分支水平井采油,共计7口水平井注水,10口鱼骨状分支水平井采油(图7-17)。

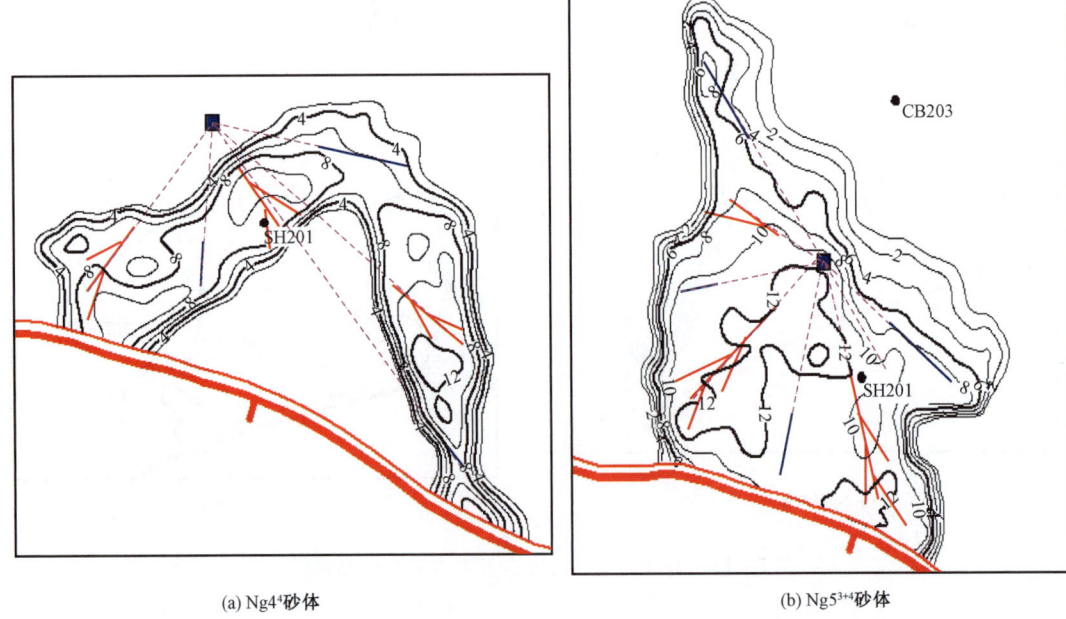

(a) Ng4$^4$砂体　　　　　　　　　　(b) Ng5$^{3+4}$砂体

图7-15　方案1井位部署图

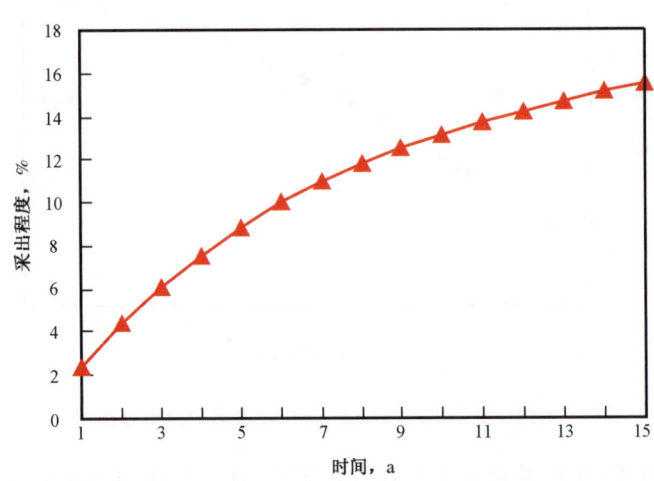

图7-16　方案1采出程度曲线

生产控制条件如下:生产井距顶1/5处射孔生产,注水井距顶2/5处注水;地层压力降低至0.8PI时注水;油井最大日产油量平均为80m³,最大日产液量为330m³,最低井底流压为80bar,生产时率为0.822;水井保持注采比为1.0,最大日注水量为200m³;预测生产15年,预测结果如图7-18所示。

第七章 鱼骨状分支水平井整体开发技术应用

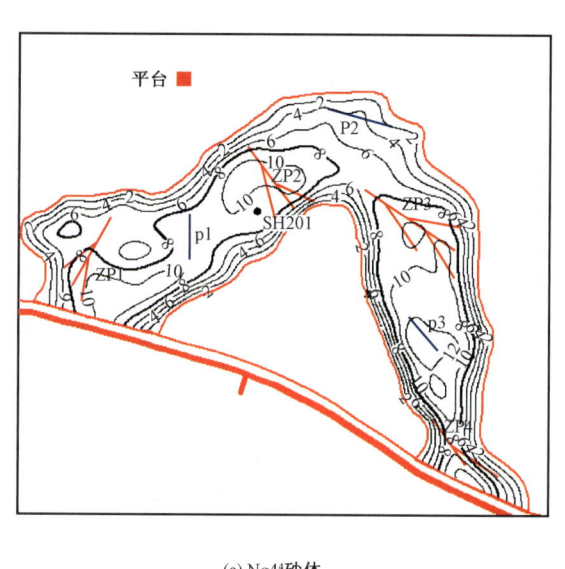
(a) $Ng4^4$砂体

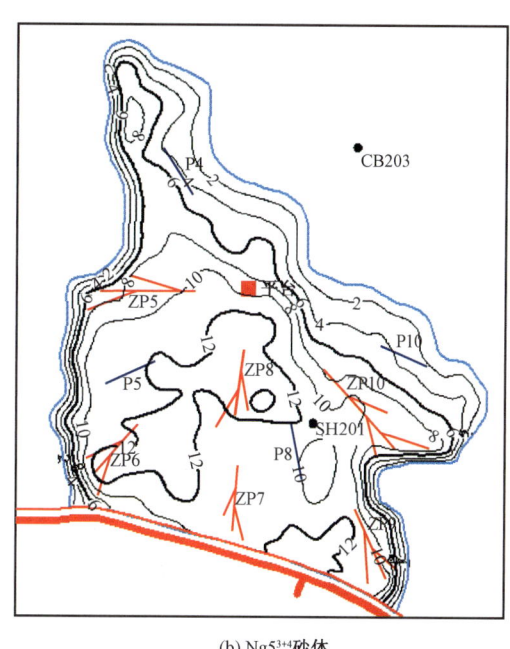
(b) $Ng5^{3+4}$砂体

图7-17 方案2井位部署图

(3)方案3。

水平井加直井注水,鱼骨状分支水平井采油,其中 $Ng4^4$ 砂体部署3口水平井注水,4口鱼骨状分支水平井采油,$Ng5^{3+4}$ 砂体部署5口水平井注水,1口直井注水,6口鱼骨状分支水平井采油,共计8口水平井、1口直井注水,10口鱼骨状分支水平井采油(图7-19)。

生产控制条件同方案2,预测结果如图7-20所示。经过对比方案3的采出程度最高,15年采出程度可以达到20%。

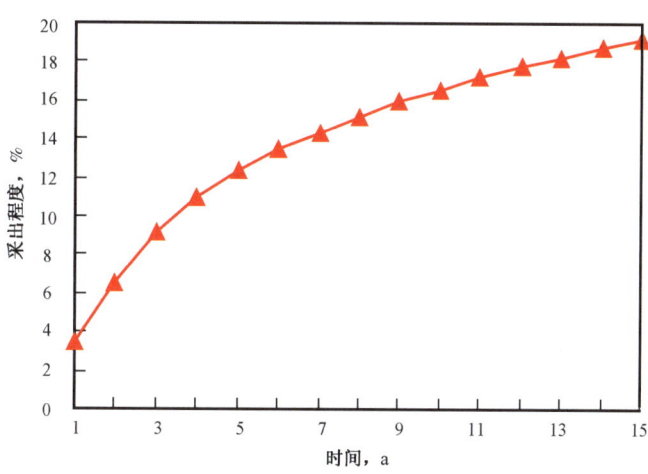

图7-18 方案2采出程度曲线

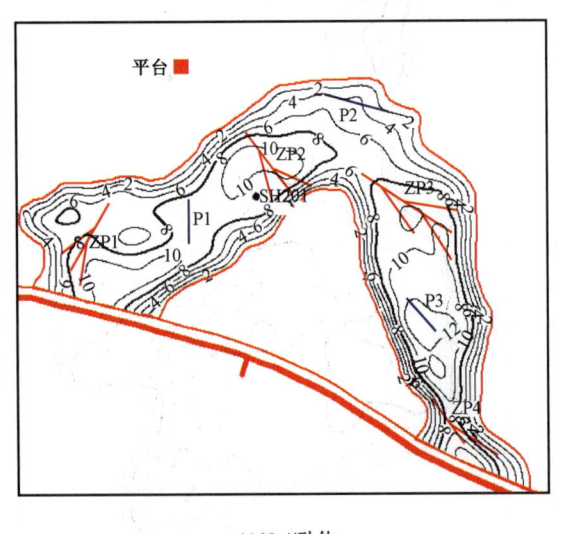 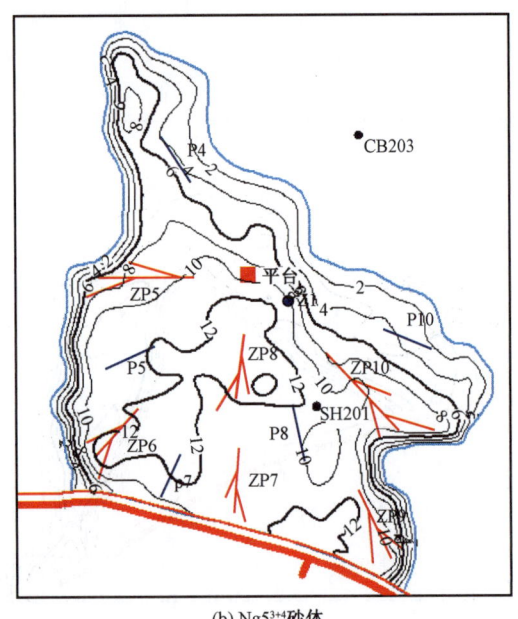

(a) $Ng4^4$ 砂体　　　　　　　　　　　　(b) $Ng5^{3+4}$ 砂体

图 7-19　方案 3 井位部署图

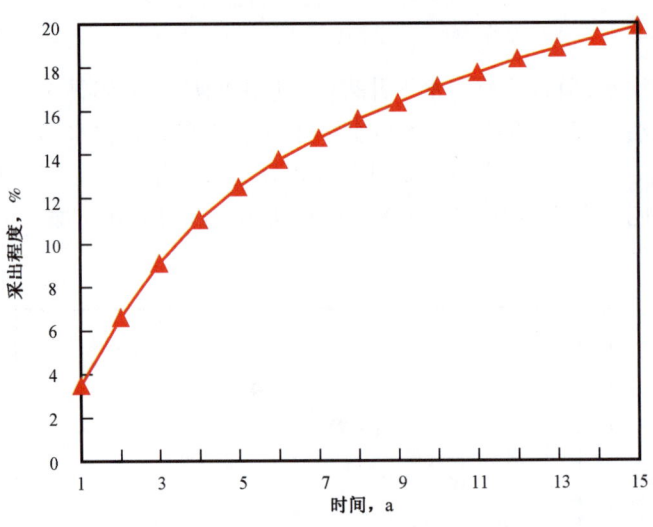

图 7-20　方案 3 采出程度曲线

应用鱼骨状分支水平井单井设计优化方法和整体开发井网设计与优化方法,对胜海 201 区块利用鱼骨状分支水平井整体开发方案进行了设计与优化。结果显示,采用水平井加直井注水,鱼骨状分支水平井采油的联合注采推荐方案预测 15 年采出程度为 20%,与直井、水平井相比分别提高 14% 和 10%,可以很好地改善边际油田的开发效果,实现其经济有效的开发动用。

## 参 考 文 献

[1] Gipson L J, Owen R, Robertson C R. Hamaca heavy oil project – lessons learned and an evolving development strategy[R]. SPE 78990,2002.
[2] AI – Shadi H H. Behairy H M, Houwelingen J V, et a1. Capturing remaining oil in a giant mature carbonate waterflood field in Oman[R]. SPE 109202,2007.
[3] Liu Song, Li Jianping, Lv Dingyu. Succeeding with multilateral wells in complex channel sands[R]. SPE 110240, 2007.
[4] Travis Cavender T. Summary of multilateral completion strategies used in heavy oil field development[R]. SPE 86926,2004.
[5] Yeten B, Durlofsky I J, Aziz K. Optimization of smart well control[R]. SPE 79031,2002.
[6] 周英杰. 胜利油田特殊结构井开发技术新进展[J]. 石油勘探与开发,2008,35(3):318 – 329.
[7] 唐建东. 利用特殊结构井提高小断块边底水油藏采收率[J]. 石油勘探与开发,2004,31(5):89 – 92.
[8] 易发新,喻晨,李松滨,等. 鱼刺分支水平井在稠油油藏中的应用[J]. 石油勘探与开发,2008,35(4): 487 – 491.
[9] 周守为,孙福街,曾祥林,等. 稠油油藏分支水平井适度出砂开发技术[J]. 石油勘探与开发,2008,35 (5):630 – 635.
[10] 王晓冬,于国栋,李治平,等. 复杂分支水平井产能研究[J]. 石油勘探与开发,2006,33(6):729 – 733.
[11] 戚志林,杜志敏,汤勇,等. 蛇曲井稳态产能计算模型[J]. 石油勘探与开发,2006,33(1):87 – 90.
[12] 李春兰,程林松,孙福街. 鱼骨型水平井产能计算公式推导[J]. 西南石油学院学报,2005,27(6): 36 – 37.
[13] 何海峰,张公社,符翔,等. 用节点法计算鱼骨形分支井产能[J]. 中国海上油气(工程),2004,16(4): 263 – 265.
[14] 韩国庆,吴晓东,陈昊,等. 多层非均质油藏双分支井产能影响因素分析[J]. 石油大学学报(自然科学版),2004,28(4):81 – 85.
[15] 张焱,刘坤芳,曹里民. 多底井井眼轨迹设计与控制理论[M]. 北京:石油工业出版社,2000.
[16] Hironori Sugiyama, et al. The optimal application of multi – lateral/multi – branch completions[R]. SPE 38033, 1997.
[17] Salas J R, Clifford P J, Jenkins D P. Multilateral well performance prediction[R]. SPE 35711,1996.
[18] 刘想平,张兆顺,崔桂香,等. 鱼骨型多分支井向井流动态关系[J]. 石油学报,2000,21(6):57 – 60.
[19] Mukherjee H, Economides M J. A Parametric Comparision of Vertical Well Performance[R]. SPE 18303.
[20] Joshi S D. Augmentation of Well Productivity Using Slant and Horizontal[R]. SPE 15375.
[21] 王卫红,李璗. 分支水平井产能研究[J]. 石油钻采工艺,1997,19(4):53 – 57.
[22] 陈军斌,李璗,周芳德. 均匀流量假设下分支水平井的产能公式[J]. 应用力学学报,2004,21(2): 86 – 89.
[23] 王晓冬,于国栋,李治平. 复杂分支水平井产能研究[J]. 石油勘探与开发,2006,33(6):729 – 733.
[24] Kuchuk F J, Goode P A, Wilkinson D J, et al. Pressure transientbehavior of horizontal well with and without gas cap or aquifer[R]. SPE 17413,1988.
[25] Ozkan E, Raghavan R. Horizontal well pressure analysis[R]. SPE 16378,1987.
[26] 蒋廷学. 多分支水平井稳态产能研究[J]. 特种油气藏, 2000,7(3):14 – 17.
[27] 李璗,王卫红,苏彦春,等. 分支水平井产能的计算[J]. 石油学报, 1998,19(3):89 – 92.
[28] Chaperon I. Theoretical study of coning toward horizontal and vertical wells in anisotropic formations:subcritical and critical rates[R]. SPE 15377,1986.
[29] Giger F M. Analytic 2 – D model of water cresting before breakthrough for horizontal wells [R]. SPE

15378,1986.

[30] Kuchuk F J,Goode P A. Pressure transient behavior of horizontal wells with and without gas cap or aquifer[R]. SPE 17413,1987.

[31] 窦宏恩. 水平井与分支水平井产能计算的几个问题[J]. 石油钻采工艺,1999,21(6):56-59.

[32] 熊友明,潘迎德. 裸眼系列完井方式下水平井产能预测研究[J]. 西南石油学院学报,1997,19(2):42-46.

[33] 熊友明,潘迎德. 各种射孔系列完井方式下水平井产能预测研究[J]. 西南石油学院学报,1996,18(2):56-61.

[34] 刘健,练章华,林铁军,等. 水平井完井总表皮系数计算新方法[J]. 钻采工艺,2006,29(2):10-13.

[35] 史密斯 C R 等. 实用油藏工程[M]. 岳清山,等译. 北京:石油工业出版社,1995.

[36] 于东,熊友明,补成中,等. 辐射状分支水平井非射孔完井方式下的产能研究[J]. 天然气工业,2008,28(2):76-78.

[37] 李春兰,程林松等. 鱼骨型水平井产能计算公式推导[J]. 西南石油学院学报,2005,27(6):36-37.

[38] 何海峰,张公社,符翔. 用节点法计算鱼骨形分支井产能[J]. 中国海上油气,2004,16(4):263-265.

[39] 吴晓东. 多层非均质油藏双分支井产能影响因素分析[J]. 石油大学学报(自然科学版),2004,28(4):81-85.

[40] 范玉平,韩国庆,杨长春. 鱼骨井产能预测及分支井形态优化[J]. 石油学报,2006,27(4):101-104.

[41] 姚军,李爱芬,陈月华,等. 砂岩油藏中水平井试井分析方法[J]. 石油学报,1997,18(3):105-109.

[42] 姚军,李爱芬. 单孔隙介质渗流问题的统一解[J]. 水动力学研究与进展,1999,14(3):317-324.

[43] OUYANG L B,ARBABI S,AZIZ K. General wellbore flow model for horizontal,vertical and slanted wellcompletions[R]. SPE 36608,1996.

[44] OUYang,et al. A simplified approach to couple wellbore flow and reservoir inflow for arbitrary well configuration[R]. SPE 48936,1998.

[45] BASQUET,et al. A semi-analytical approach for productivity evaluation of wells with complex geometry in multilayered reservoirs[R]. SPE 49232,1998.

[46] Ouyang Liang biao. Single phase and multiphase fluid flow in horizontal wells. 斯坦福大学,1998.

[47] Chen Yuguang. Modeling Gas-Liquid Flow in Pipes Flow Pattern Transitions and Drift-Flux Modeling[D]. 斯坦福大学,2001.

[48] Shi H,Holmes J A. Drift-flux Parametres for Three-Phase Steady-State Flow in Wellbores[R]. SPE 89836.

[49] 范子菲,方宏长. 水平井水平段最优化长度设计方法研究[J]. 石油学报,1997,18(1):55-62.

[50] 范子菲,李云娟. 气藏水平井长度优化设计方法[J]. 大庆石油地质与开发,2000,19(6):28-33.

[51] 胡月亭. 水平井水平段长度优化设计方法[J]. 石油学报,2000,21(4):80-86.

[52] 程林松,李春兰,陈月明. 水驱油藏合理水平井段长度的确定方法[J]. 石油大学学报(自然科学版),1998,22(5):58-60.

[53] 韩国庆,李相方,吴晓东. 多分支井电模拟实验研究[J]. 天然气工业,2004,24(10):99-101.

[54] 黄世军,程林松,赵凤兰. 鱼骨刺井近井地带流动机理实验研究[J],石油钻采工艺,2006,28(6):58-60.

[55] 李春兰. 油藏流体渗流机理电模拟实验仪[J]. 实验技术与管理,1999,16(6):34-36.

[56] 王金波. 渤海边际油田多分支井形态优化设计技术研究[D]. 中国石油大学,2007(04).

[57] Moreno J C,Bradley D,Gurpinar O,Richter P,et al. Optimized Workflow for Designing Complex Wells. SPE Europec/EAGE Annual Conference and Exhibition,12-15 June 2006,Vienna,Austria.

[58] 郎兆新,张丽华,程林松,等. 多井底水平井渗流问题某些解析解[J]. 石油大学学报,1993,17(4):40-47.

[59] 朗兆新,张丽华,程林松. 水平井与直井联合开采问题[J]. 石油大学学报,1993,17(6):50-55.

[60] 程林松,郎兆新. 水平井五点法井网的研究与对比[J]. 大庆石油地质与开发,1994,13(4):27-31.
[61] 赵春森,翟云芳,曹乐陶,等. 水平井五点法矩形井网的产能计算方法及优化[J]. 大庆石油学院学报,2000,24(3):23-25.
[62] Zhao Chun sen,Cui Hai qing,Song Wen ling. The Productivity of Well Pattern with Horizontal Wells and Vertical Wells[J]. Journal of hy-drodynamics,2003,15(3):60-64.
[63] 郝明强,李树铁,杨正明,等. 分支水平井技术发展综述[J]. 特种油气藏,2006,13(3):4-9.
[64] 张立平,纪哲峰,付广群,等. 多分支井的技术展望[J]. 国外油田工程,2001,17(11):36-37.
[65] 郑毅,黄伟和,鲜保安. 国外分支井技术发展综述[J]. 石油钻探技术,1997,25(4):52-55.
[66] 张绍槐. 关于21世纪中国钻井技术发展对策的研究[J]. 石油钻探技术,2000,28(1):4-7.
[67] 张绍槐. 钻井、完井技术发展趋势:第十五届世界石油大会信息[J]. 图书与石油科技信息,1998,12(1):45-60.
[68] Vullinghs P,et al. Multilateral-WellUse Increasing[J]. JPT,52(6):51-52.
[69] Horizontal and Multilateral Well:Increasing Production and Reducing Overall Drilling and Completion Costs[J]. JPT,1999,51(7):20-24.
[70] Taylor R W,et al. MultilateralTechnologies Increase Operational Efficiencies in Middle East[J]. OGJ,1998.
[71] Steve Bosworth. Key Issues in Multilateral Technology[J]. Oilfield Review,Schlumberger,winter,1998.
[72] 刘军,杨明. 国内井身结构最复杂多分支水平井成效初现[N]. 中国石油报,2008-03.
[73] 马献珍. 鱼骨状水平分支井:掀开我国复杂工艺井施工新篇章[N]. 中国石化报,2007-01.
[74] 王金法. 中国石化首口鱼骨状水平分支井投产[N]. 中国石化报,2006-11.
[75] 王光颖. 多分支井钻井技术综述与最新进展[J]. 海洋石油,2006(9):100-104.
[76] 韩振元,朱景萍,秦菡. 国内外多分支井技术发展综述[A]. 钻井承包商协会论文集[C]. 北京:石油工业出版社,2004.
[77] 王亚伟,石德勤. 分支井钻井完井技术[M]. 北京:石油工业出版社,2000.
[78] 李克向. 实用完井工程[M]. 北京:石油工业出版,2002.
[79] 孙国华. 胜利油田水平井完井技术现状及发展趋势[J]. 石油钻采工艺,2001,23(6):33-37.
[80] 金明权. 复杂结构井完井工艺技术研究与应用—以冀东断块油田为例[D]. 北京:中国地质大学(北京),2006.
[81] 曾祥林,杜志敏. 水平井及分支井产能预测理论研究[D]. 西南石油学院,2002.
[82] 王明. 分支水平井产能数学模型及数值模拟研究[D]. 中国科学院研究生院,2005.
[83] 张世明,许强,周英杰,等. 鱼骨状分支水平井注采井网研究[J]. 新疆石油地质,2009,30(1):92-95.
[84] 张世明,周英杰,戴涛,等. 鱼骨状分支水平井注采配置优化研究[J]. 油气地质与采收率,2011,18(1):54-57.
[85] 张世明,戴涛,宋勇,等. 鱼骨状分支水平井井型设计及注采配置优化研究[C]. 北京:中国石油学会水平井油田开发技术文集,2010.